헤드마르크 박물관의 창가

다카마쓰 지로의 〈자갈과 숫자〉

세키네 노부오의 〈위상 및 공상〉

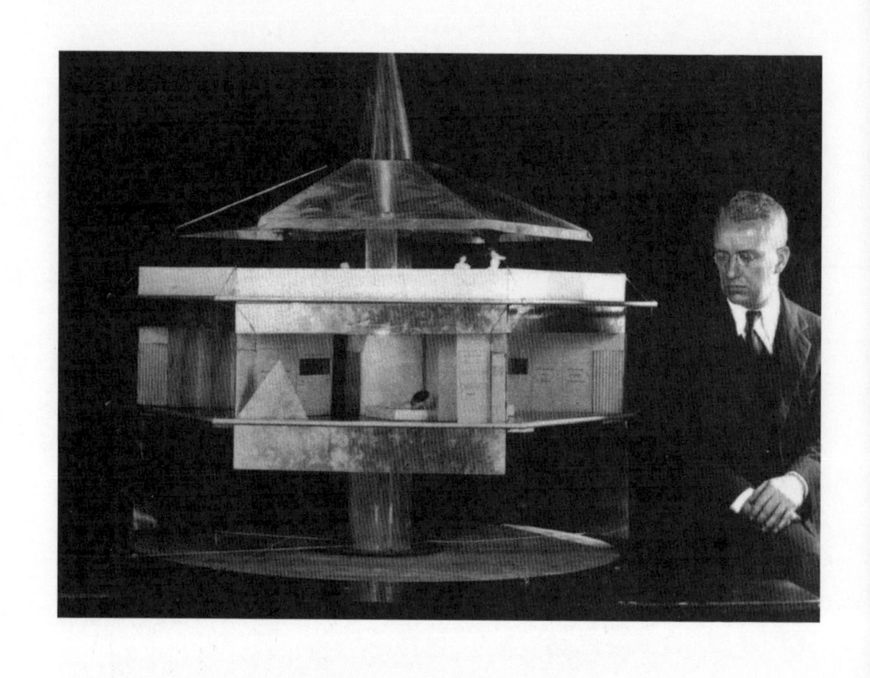

벅민스터 풀러의 다이맥시온 하우스

아모

루이스 바라간 자택의 옥상정원

루이스 바라간의 안토니오 갈베스 주택

le dehors est toujours un dedans

르 코르뷔지에의 똑같은 입체로 된 건물 스케치

르 코르뷔지에의 네 시대의 건물 스케치

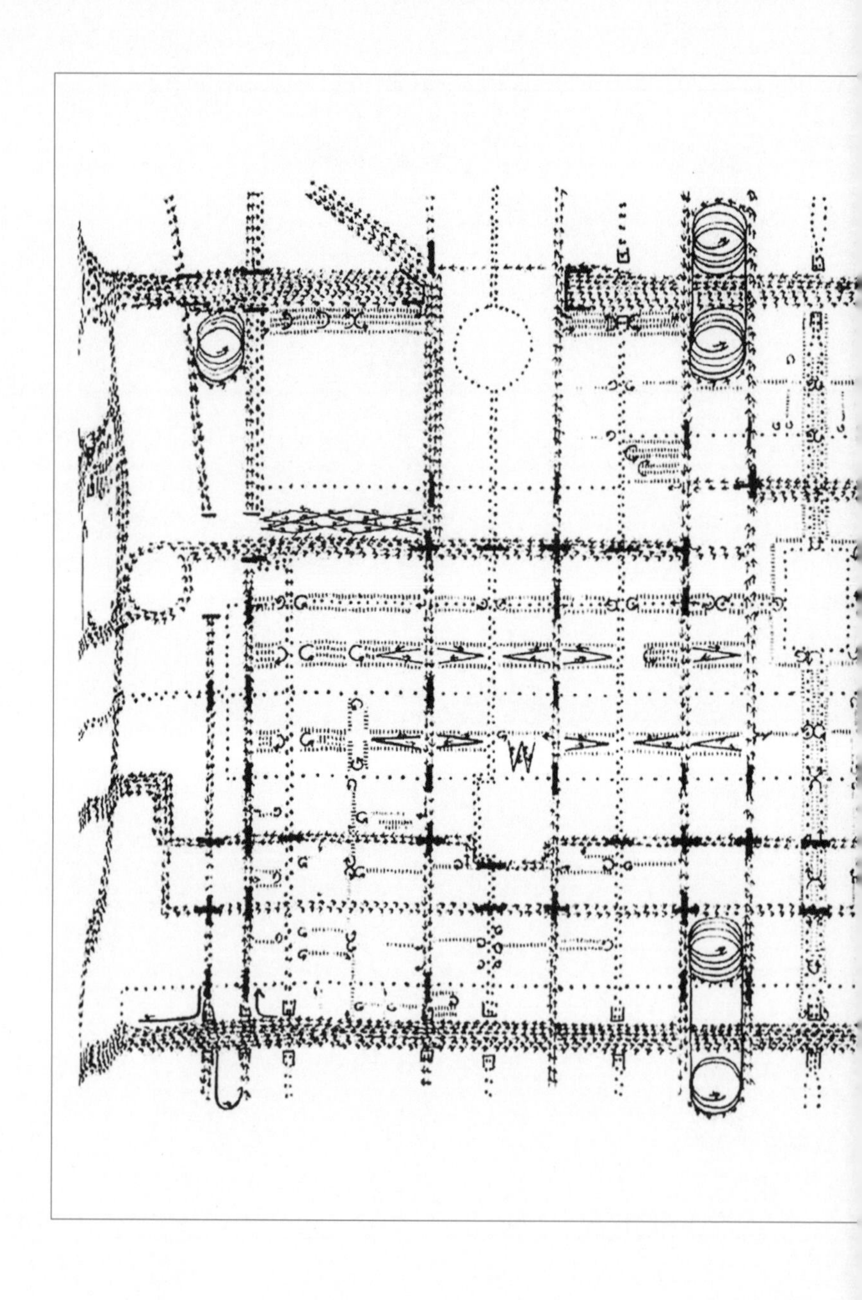

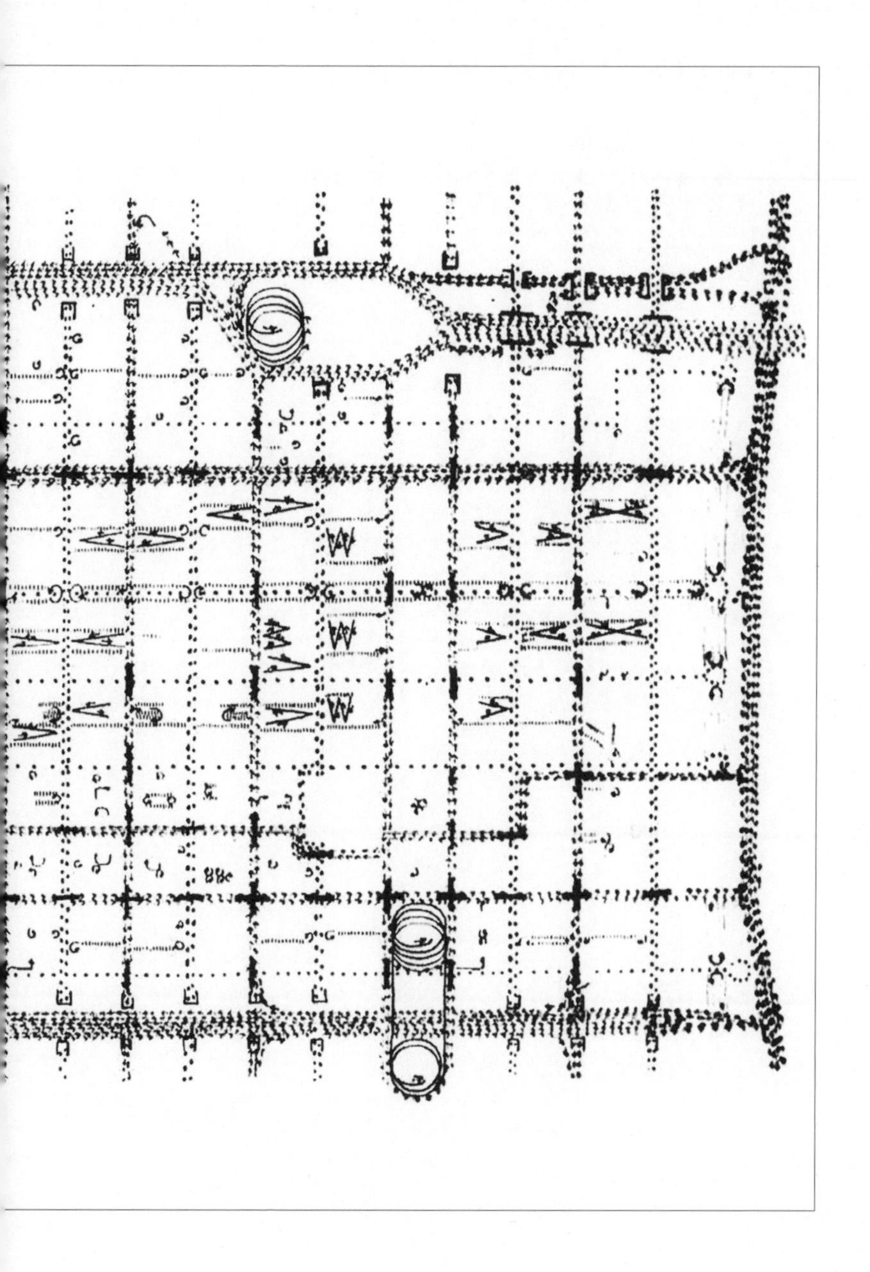

루이스 칸의 필라델피아 교통 스터디

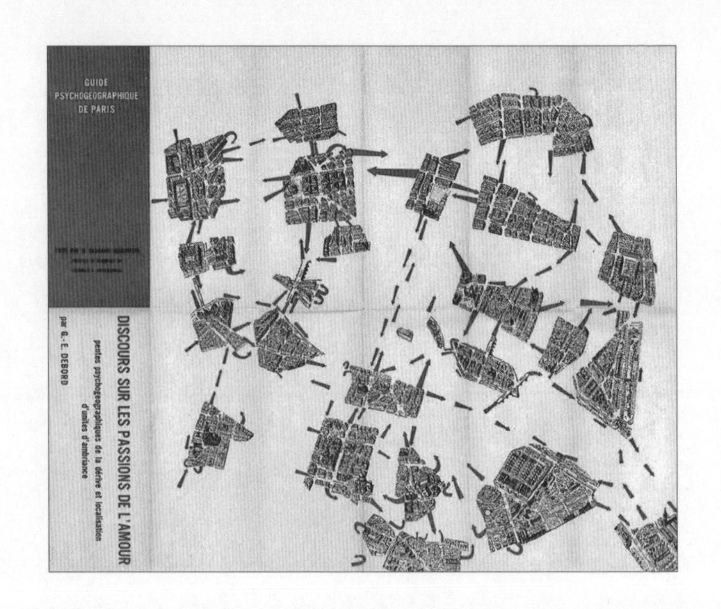


기 드보르와 아스가 요른의 〈벌거벗은 도시〉

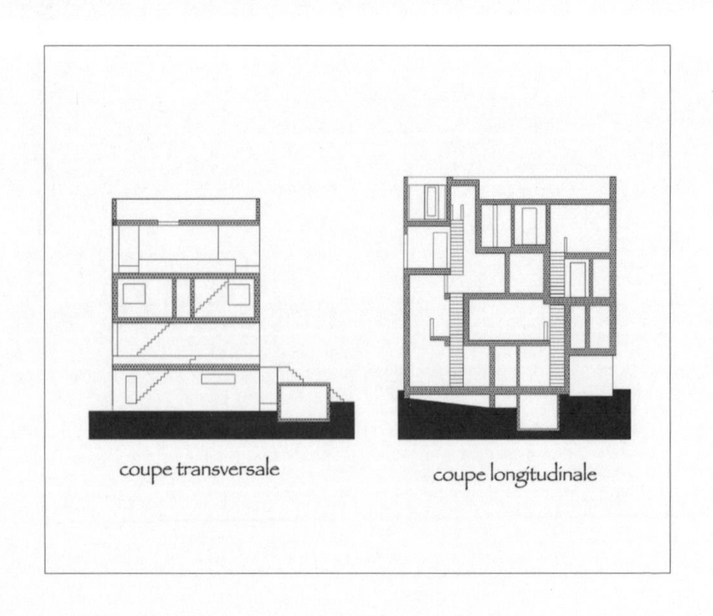


위트레흐트의 더블 하우스 다이어그램

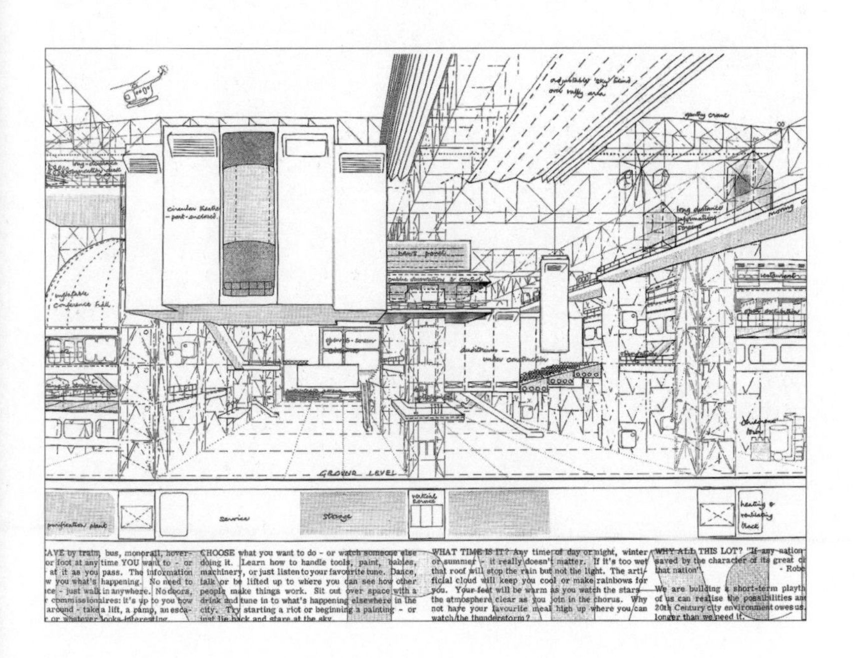


세드릭 프라이스의 펀 팰리스

빈의 카페 슈페를

헤르만 헤르츠베르허의 센트럴 베헤르

# 거주하는 장소

**건축강의 3: 거주하는 장소**

2018년 3월 5일 초판 발행 ○ 2019년 3월 4일 2쇄 발행 ○ **지은이** 김광현 ○ **펴낸이** 김옥철 ○ **주간** 문지숙
**책임편집** 우하경 ○ **편집** 오혜진 최은영 이영주 ○ **디자인** 박하얀 ○ **디자인 도움** 남수빈 박민수 심현정
**진행 도움** 건축의장연구실 김진원 성나연 장혜림 ○ **커뮤니케이션** 이지은 박지선 ○ **영업관리** 강소현
**인쇄·제책** 한영문화사 ○ **펴낸곳** (주)안그라픽스 우 10881 경기도 파주시 회동길 125-15
**전화** 031.955.7766(편집) 031.955.7755(고객서비스) ○ **팩스** 031.955.7744 ○ **이메일** agdesign@ag.co.kr
**웹사이트** www.agbook.co.kr ○ **등록번호** 제2-236(1975.7.7)



이 책의 국립중앙도서관 출판예정도서목록(CIP)은 서지정보유통지원시스템 홈페이지(seoji.nl.go.kr)와
국가자료공동목록시스템(nl.go.kr/kolisnet)에서 이용하실 수 있습니다.
CIP제어번호: CIP2018004233

**ISBN** 978.89.7059.940.3 (94540)
**ISBN** 978.89.7059.937.3 (세트) (94540)

# 거주하는 장소

김광현

건축강의 3

안그라픽스

일러두기

1 단행본은 『 』, 논문이나 논설·기고문·기사문·단편은 「 」, 잡지와 신문은 《 》, 예술 작품이나 강연·노래·공연·전시회명은 〈 〉로 엮었다.

2 인명과 지명을 비롯한 고유명사와 건축 전문 용어 등의 외국어 표기는 국립국어원 외래어표기법에 따라 표기했으며, 관례로 굳어진 것은 예외로 두었다.

3 원어는 처음 나올 때만 병기하되, 필요에 따라 예외를 두었다.

4 본문에 나오는 인용문은 최대한 원문을 살려 게재하되, 출판사 편집 규정에 따라 일부 수정했다.

5 책 앞부분에 모아 수록한 이미지는 해당하는 본문에 •으로 표시했다.

# 건축강의를 시작하며

이 열 권의 '건축강의'는 건축을 전공으로 공부하는 학생, 건축을 일생의 작업으로 여기고 일하는 건축가 그리고 건축이론과 건축의장을 학생에게 가르치는 이들이 좋은 건축에 대해 폭넓고 깊게 생각할 수 있게 되기를 바라며 썼습니다.

좋은 건축이란 누구나 다가갈 수 있고 그 안에서 생활의 진정성을 찾을 수 있습니다. 좋은 건축은 언제나 인간의 근본에서 출발하며 인간의 지속하는 가치를 알고 이 땅에 지어집니다. 명작이 아닌 평범한 건물도 얼마든지 좋은 건축이 될 수 있습니다. 그렇지 않다면 우리 곁에 그렇게 많은 건축물이 있을 필요가 없을 테니까요. 건축설계는 수많은 질문을 하는 창조적 작업입니다. 그릴 뿐만 아니라 말하고, 쓰고, 설득하고, 기술을 도입하며, 법을 따르고, 사람의 신체에 정감을 주도록 예측하는 작업입니다. 설계에 사용하는 트레이싱 페이퍼는 절반이 불투명하고 절반이 투명합니다. 반쯤은 이전 것을 받아들이고 다른 반은 새것으로 고치라는 뜻입니다. '건축의장'은 건축설계의 이러한 과정을 이끌고 사고하며 탐구하는 중심 분야입니다. 건축이 성립하는 조건, 건축을 만드는 사람과 건축 안에 사는 사람의 생각, 인간에 근거를 둔 다양한 설계의 조건을 탐구합니다.

건축학과에서는 많은 과목을 가르치지만 교과서 없이 가르치고 배우는 과목이 하나 있습니다. 바로 '건축의장'이라는 과목입니다. 건축을 공부하기 시작하여 대학에서 가르치는 40년 동안 신기하게도 건축의장이라는 과목에는 사고의 전반을 체계화한 교과서가 없었습니다. 왜 그럴까요?

건축에는 구조나 공간 또는 기능을 따지는 합리적인 측면도 있지만, 정서적이며 비합리적인 측면도 함께 있습니다. 집은 사람이 그 안에서 살아가는 곳이기 때문입니다. 게다가 집은 혼자 사는 곳이 아닙니다. 다른 사람들과 함께 말하고 배우고 일하며 모여 사는 곳입니다. 건축을 잘 파악했다고 생각했지만 사실은 아주 복잡한 이유가 이 때문입니다. 집을 짓는 데에는 건물을 짓고자 하는 사람, 건물을 구상하는 사람, 실제로 짓는 사람, 그 안에 사는 사람 등이 있습니다. 같은 집인데도 이들의 생각과 입장은 제각기 다릅니다.

건축은 시간이 지남에 따라 점점 관심을 두어야 지식이 쌓이고, 갈수록 공부할 것이 늘어납니다. 오늘의 건축과 고대 이집트 건축 그리고 우리의 옛집과 마을이 주는 가치가 지층처럼 함께 쌓여 있습니다. 이렇게 건축은 방대한 지식과 견해와 판단으로 둘러싸여 있어 제한된 강의 시간에 체계적으로 다루기 어렵습니다.

그런데 건축이론 또는 건축의장 교육이 체계적이지 못한 이유는 따로 있습니다. 독창성이라는 이름으로 건축을 자유로이 가르치고 가볍게 배우려는 태도 때문입니다. 이것은 건축을 단편적인 지식, 개인적인 견해, 공허한 논의, 주관적인 판단, 단순한 예측 그리고 종종 현실과는 무관한 사변으로 바라보는 잘못된 풍토를 만듭니다. 이런 이유 때문에 우리는 건축을 깊이 가르치고 배우지 못하고 있습니다.

'건축강의'의 바탕이 된 자료는 1998년부터 2000년까지 3년 동안 15회에 걸쳐 《이상건축》에 연재한 「건축의 기초개념」입니다. 건축을 둘러싼 조건이 아무리 변해도 건축에는 변하지 않는 본질이 있다고 여기고, 이를 건축가 루이스 칸의 사고를 따라 확인하고자 했습니다. 이 책에서 칸을 많이 언급하는 것은 이 때문입니다. 이 자료로 오랫동안 건축의장을 강의했으나 해를 거듭할수록 내용과 분량에서 부족함을 느끼며 완성을 미루어왔습니다. 그러다가 이제야 비로소 이 책들로 정리하게 되었습니다.

'건축강의'는 서른여섯 개의 장으로 건축의장, 건축이론, 건축설계의 주제를 망라하고자 했습니다. 그리고 건축을 설계할 때의 순서를 고려하여 열 권으로 나누었습니다. 대학 강의 내용에 따라 교과서로 선택하여 사용하거나, 대학원 수업이나 세미나 주제에 맞게 골라 읽기를 기대하기 때문입니다. 본의 아니게 또 다른 『건축십서』가 되었습니다.

1권 『건축이라는 가능성』은 건축설계를 할 때 사전에 갖추고 있어야 할 근본적인 입장과 함께 공동성과 시설을 다룹니다.

건축은 공동체의 희망과 기억에서 성립하는 존재이며, 물적인 존재인 동시에 시설의 의미를 되묻는 일에서 시작하기 때문입니다.

2권 『세우는 자, 생각하는 자』는 건축가에 관한 것입니다. 건축가 스스로 갖추어야 할 이론이란 무엇이며 왜 필요한지, 건축가라는 직능이 과연 무엇인지를 묻고 건축가의 가장 큰 과제인 빌딩 타입을 어떻게 숙고해야 하는지를 밝히고자 했습니다.

3권 『거주하는 장소』에서는 건축은 땅에 의지하여 장소를 만들고 장소의 특성을 시각화하므로, 건축물이 서는 땅인 장소와 그곳에서 거주하는 의미를 살펴봅니다. 그리고 장소와 거주를 공동체가 요구하는 공간으로 바라보고, 이를 사람들의 행위와 프로그램으로 해석하였습니다.

4권 『에워싸는 공간』은 건축 공간의 세계 속에서 인간이 정주하는 방식을 고민합니다. 내부와 외부, 인간을 둘러싸는 공간 등과 함께 근대와 현대의 건축 공간, 정보와 건축 공간 등 점차 다양하게 확대되는 건축 공간을 기술하고 있습니다.

5권 『말하는 형태와 빛』에서는 물적 결합 형식인 형태와 함께 형식, 양식, 유형, 의미, 재현, 은유, 상징, 장식 등과 같은 논쟁적인 주제를 공부합니다. 이는 방의 집합과 구성의 문제로 확장됩니다. 또한 건축에 생명을 주는 빛의 존재 형식을 탐구합니다.

6권 『지각하는 신체』는 건축이론의 출발점인 신체에 관해 살펴봅니다. 또 현상으로 지각되는 건축물의 물질과 표면은 어떤 것이며, 시선이 공간과 어떤 관계를 맺는지 공간 속의 신체 운동과 경험을 설명합니다.

7권 『질서의 가능성』은 질서의 산물인 건축물을 이루는 요소의 의미를 생각하고, 물질이 이어지고 쌓이는 구축 방식과 과정을 살펴봅니다. 그리고 건축의 기본 언어인 다양한 기하학의 역할을 분석합니다.

8권 『부분과 전체』는 건축이 수많은 재료, 요소, 부재, 단위 등으로 지어질 수밖에 없는 점에 주목해 부분과 전체의 관계로 논의합니다. 그리고 고전, 근대, 현대 건축에 이르는 설계 방식을 부분에서 전체로, 전체에서 부분으로 상세하게 해석합니다.

9권 『시간의 기술』은 건축을 시간의 지속, 재생, 기억으로 해석합니다. 그리고 속도로 좌우되는 현대도시에 대응하는 지속 가능한 사회의 건축을 살펴봅니다. 이와 함께 건축을 진보시키면서 건축의 표현을 바꾼 기술의 다양한 측면을 정리합니다.

10권 『도시와 풍경』은 건축이 도시를 적극적으로 만든다는 관점에서 건축과 도시의 관계를 해석합니다. 그리고 건축에 대하여 이율배반적이면서 상보적인 배경인 자연을 통해 새로운 건축의 가능성을 찾고, 건축과 자연 사이에서 성립하는 풍경의 건축을 다룹니다.

이 열 권의 책은 오랫동안 나의 건축의장 강의를 들어준 서울대학교 건축학과 학부생과 대학원생 그리고 나와 함께 건축을 연구하고 토론해준 건축의장연구실의 모든 제자가 있었기에 가능했습니다. 더욱이 이 많은 내용을 담은 책이 출판되도록 세심하게 내용을 검토하고 애정을 다해 가꾸어주신 안그라픽스 출판부는 이 책의 가장 큰 협조자였습니다. 큰 감사를 드립니다.

2018년 2월 관악 캠퍼스에서
김광현

# 서문

건축에서 가장 중요한 조건은 장소다. 장소가 없는데 사람이 살아갈 리 없고 살아갈 사람이 없는데 집이 지어질 리 없다. 장소는 내가 어찌할 수 있는 것이 아니다. 장소는 이미 주어지는 곳이며, 무슨 조건이 무슨 소리를 내는지 귀 기울여 들어야 할 곳이다. 이런 장소를 건축가가 과연 만들어낼 수 있을까?

선조들은 경치 좋은 장소에 정자를 세웠다. 이미 그곳에 있었던 장소의 힘이 정자와 함께한 것이다. 그러나 정자를 세운 이유는 아름다운 집을 짓기 위해서가 아니라, 다른 사람들과 함께 바라보며 지내기 위해서였다. 그런데 그 정자를 그대로 들어내어 다른 곳으로 옮겼다고 해보자. 그 정자는 본래 자리에 있던 정자와 같은 것일까? 다르다면 어떻게 다를까? 장소와 무관하게 똑같은 집을 짓는 것은 똑같은 정자를 서로 다른 장소에 옮겨 짓고도 아무렇지도 않게 여기는 태도와 똑같다. 장소는 집이 지어지는 터이지 땅 위에 있는 어떤 위치가 아니다.

그런데도 건축가는 공간을 장소보다 더 높게 생각하는 버릇이 있다. 건축가는 공간을 만든다고 할 수 있지만 장소를 만들 수는 없다. 그래서 장소는 공간보다 이해하기가 어렵다. 장소를 공간과 비슷하다고 오해하는 경우가 많다. 장소와 공간은 다를 뿐 아니라 서로 반대다. 공간은 이쪽에서 저쪽으로 확장하고 떠나는 것이라면, 장소는 저쪽에서 이쪽으로 돌아와 머무르는 곳이다.

장소는 어디로 갔다가 다시 돌아오는 것, 그리고 그곳에 머물며 사는 것이다. 그래서 장소는 거주와 직접 관련된다. 거주는 사람이 이 세상에 살아가는 생활 전체를 가리킬 정도로 의미가 아주 넓다. 사람은 어디에 가 있더라도 돌아와 머물고자 집을 짓지 떠나려고 집을 짓지 않는다. 집을 짓는 것이 거주하는 것이고 거주하기 위해서는 집을 지어야 한다. 바로 이런 이유에서 건축은 공학적 산물이면서 늘 인간의 근본을 다룬다. 그러나 근대건축의 균질한 공간은 이러한 근본적인 거주의 장소를 대신해왔다.

이 책은 건축에서 장소를 어떻게 해석해야 하는지, 그리고 장소는 왜 쉽게 사라지는지 살펴본다. 주택, 주거, 거주의 의미와 함께 독일 철학자 마르틴 하이데거의 '거주하기'도 자세히 들여다 보고, 오늘날 대도시에서 조금이라도 거주와 주거를 회복할 수 있는 방향도 다룬다. 하이데거를 살펴보는 목적은 철학을 해석하는 데 있지 않다. 앞으로 계속되는 건축의 근본을 묻기 위해서다.

거주하는 장소는 공동체와 깊은 관련이 있다. 공동체란 같은 목적을 가지고 같은 공간에서 함께 살아가는 사람들의 집단을 가리킨다. 공동체는 살아가는 방식이며 공간을 이루는 방식이다. 따라서 공동체는 늘 의심해야 거주를 위한 새로운 장소가 어떻게 거듭날 수 있는지 발견하게 된다.

'터'란 집을 지었거나 지을 자리이며 행위가 이루어지는 밑바탕이다. "터를 닦아야 집을 짓지."라는 속담처럼 집을 지을 자리인 터가 행위의 바탕이 된다. 집을 짓지 않고 비어 있는 땅을 공터라고 한다. 터는 집을 짓든 밭으로 쓰든 비어 있기 때문에 가능성이 있다. 이처럼 장소는 집을 지을 터이고 행위의 밑바탕이며 가능성의 저장고다.

건축설계가 무엇을 하는 것인지 가장 간단하고 이상적으로 요약하자면, 그곳에만 있는 어떤 장소에서 어디에서나 일어날 수 있는 생활이 가능하도록 물질로 구축하는 것이다. 이를 위해서는 행위와 행위 사이에 있는 우연을 포함하여 행위를 놀이나 사건으로 해석하고 공간으로 번역할 수 있어야 한다. 세상에 하나밖에 없는 고유한 장소에서 우연히 일어나는 행위를 충분히 담는 것이 건축설계다.

## 1장 장소의 정체성

## 2장 건축과 거주

## 3장 공동체의 공간

4장 행위와 프로그램

1장

# 장소의 정체성

장소에 고정되지 않는다고 장소가 무의미한 것은 아니다. 고정되지 않고 이동하기 때문에 오히려 새로운 장소를 만들어간다.

## 건축과 장소

### 장소에 서는 건축

건축에서 장소가 얼마나 중요한지 말하기 전에 미국 작가 애니 딜라드Annie Dillard의 다음 문장을 살펴보자. "마지막으로 죄다 머릿속에서 지워져버렸을 때 인간에게 남는 것은 땅의 기억이다." 이 말은 사람이 숨을 거둘 때 모든 것이 아물거리고 희미해지며 자기가 이 세상에 살면서 머리에 남는 최후의 장면은 결국 땅에 대한 기억이라는 뜻이다. 그만큼 인간에게 장소는 소중하고 가장 마지막까지 남는다.

마르틴 하이데거Martin Heidegger는 인간을 '현존재現存在', 즉 'Dasein'이라고 불렀다. 'Da'는 영어로 There is의 There이고 'sein'은 존재라는 뜻이다. 이때 왜 There그곳인가? 인간은 장소를 의식하고 장소에 귀속된다는 뜻이다. 그는 사람이 철들 때 도구나 환경, 시간 등의 세계를 해석하고 관계하면서 존재한다고 보았다. 하이데거는 인간이 아니고서는 있을 수 없는 이런 존재 방식을 "세계-내-존재"라고 불렀다. 사람은 혼자 있는 존재가 결코 아니라는 말이다. 장소에 있는 나는 이런 '세계-내-존재'다.

건축을 생각할 때 가장 중요한 바는 건물은 언제나 장소를 차지한다는 것이고, 내가 다른 사람들과 함께 어떤 장소에 있다는 것이다. 하나는 건물과 장소의 관계이고 다른 하나는 사람과 장소의 관계다. 건축은 장소를 차지하고 장소를 만들며 장소에 기여함으로써 사람에게 삶의 근거지를 준다. 때문에 건축은 장소에 있는 나를 둘러싸는 첫 번째 '세계-내-존재'다.

사람은 서로 다른 한정된 장소에서 생활하게 되어 있다. 매일 차를 타고 다니고 많은 사람을 만나더라도 모든 곳을 다니며 모든 사람을 만날 수 없다. 많은 사람과 이메일을 주고받으며 의사소통을 하고 살아도, 만나는 사람이나 주로 활동하는 범위는 대체로 일정하거나 어떤 지역에 한정되어 있다. 도시 공간이 다 비슷하게 보인다고 해도 안을 자세히 들여다보면 살아가는 방식이나 근거는 제각기 다르다. 사는 지역이 다르고 사회적인 조건이 다르며 사물을 달리 인식하며 자신의 거점을 정하고 살아간다.

건물이 먼저 있고 그것에 맞는 터를 찾는 경우는 없다. 터가 먼저 있어야 그 안에 건물도 선다. 건물이 공간이라면 터는 장소다. 옛날 사람들은 공간을 만들기 이전에 자기에게 맞는 터를 찾아 숲속을 돌아다녔다. 마음에 드는 장소를 찾은 다음에는 그곳에 있는 나무나 풀을 없애고 빈자리에 나무와 가지를 얹어 집을 만들었다. 사람은 있는 그대로의 숲에 집을 짓지 못하며, 아무것도 없는 곳에 갑자기 건물을 세우지 못한다. 숲이 만든 장소를 자기 것으로 알아차리고 그것을 이용하여 자기 공간을 만든다.

건축은 땅과 장소에 귀속한다. 건축은 땅 위의 어떤 자리에 놓이고 땅 밑에 고정되어야 사람의 생활을 담을 수 있다. 스페인 건축가 라파엘 모네오Rafael Moneo가 지적하였듯이 "장소란 지면이며 건물의 뿌리가 묻히는 땅이고, 모든 건설 행위에 불가피한 최초의 재료다."[1] 루이스 칸Louis Kahn도 땅에 대해 같은 말을 했다. "나는 땅에 접근하는 매우 강한 선을 그리지 않을 것이다. 왜냐하면 건물은 땅 밑으로 연속해 있으므로."[2]

사람은 땅 위에서 생활한다. 사람은 건물을 지어야만 땅과 하늘과 시간에 대해 특별한 관계를 만들어낼 수 있다. 사람은 자신을 위해 많은 것을 만들어내지만 건물만이 인간의 생활을 영위하기 위해 '땅' 위에 선다. 회화나 조각은 전시를 위해 운송될 수 있고, 마르셀 뒤샹Marcel Duchamp처럼 자전거 바퀴를 의자에 꽂아 새로운 예술을 만들어낼 수 있었다. 그러나 건축은 전시를 위해 운송될 수 없다. 건축은 화가가 아틀리에에서 그리는 것도 아니고, 그림처럼 어느 전시장에 전시될 수 있는 것도 아니다.

"건축은 언제나 이미 거기에 있는 것에 의존한다."[3] 이미 그것을 둘러싸고 있는 자연과 다른 사물과 함께 존재한다. 주변에 아무것도 없고 관계하는 바도 없이 홀로 떨어져 있는 건물은 이 세상에 하나도 없다. 그런데 이미 거기에 있는 것 중에서도 건물이 의존해야 할 가장 필수적인 것이 땅이며, 땅은 대지site이자 장소로 다가온다. 그렇다고 땅 위의 건축물은 늘 똑같이 서 있지 않다. 오랜만에 그 장소에 가보면 예전과는 전혀 다른 것이 되어버렸다고 아쉬워할 때도 많다. 그만큼 장소에는 건축물을 둘러싼 여러 환경과 상황이 모두 합쳐져 있다.

재료는 가장 직접적으로 건물의 고유한 장소를 만든다. 핀란드 건축가 알바 알토Alvar Aalto의 마이레아 주택Villa Mairea에서 나무 재료는 뚜렷한 요소로 나타나는 반면, 외부의 플라스터 마감은 그다지 중요하지 않거나 사적인 요소로 나타난다. 주 출입구나 본채에서 사우나 별채로 이어지는 부분 등 이동을 나타내는 장소는 가는 기둥으로 받쳐진 지붕으로 나타난다. 입구에서 내부까지는 슬레이트, 세라믹 타일, 밤나무 등 바닥 재료로 구별되기도 하고, 본채와 별채는 높은 벽과 낮은 벽으로 처리되어 장소의 의미가 구별되기도 한다. 이렇게 하여 내부는 마치 땅의 형상과 레벨을 평면으로 보듯, 다른 지형 변화처럼 구분되어 있다.

장소는 '다른 곳이 아닌 바로 그 자리'이다. 세상에서 단 하나밖에 없는 사람이 세상에서 단 하나밖에 없는 땅의 조각, 곧 장소에 집을 짓고 살기 때문에 살아가는 근거지가 고유성을 가져야 한다. 사람의 얼굴이 모두 다르듯이 땅도 고유한 조건을 지니고 있다. 땅의 형상과 기복, 위치와 방위가 다르고 햇빛을 받는 각도도 다르며 지형도 다르고 주변에 있는 풀과 나무도 다르다. 공간은 분별되지 않은 채 이곳과 저곳이 같을 수 있지만, 땅을 차지하는 어떤 장소는 다른 장소와 결코 같을 수 없다.

그런데 장소를 땅이라는 관점에서 보면, 장소는 3차원적 격자로 전개되는 기하학적인 공간과 정반대인 개념이다. 굳이 건축을 예술이라고 부른다면 건축은 이 세상에 하나밖에 없는 바로 그 장소에 속하고 구속된 예술이다. 건축에서 말하는 땅은 아주 큰 땅이 아니다. 1/50,000이나 1/25,000 정도의 지형도에는 나타나지 않는 미세한 지형, 곧 '미지형微地形'이다. 이런 '땅'을 건축에서는 조금 더 확실하게 '장소'라고 한다.

장소는 자신의 내력을 가진다. 장소란 인간 역사와 관계를 맺고 있는 땅 위의 한 지점이다. 토양이나 기후 등 장소마다 제각기 고유한 조건이 있고 문화가 있으며 역사가 있다. 미국 건축가 프랭크 로이드 라이트Frank Lloyd Wright는 땅이 건축의 기반이자 인간의 기반이므로, 땅 위에 서는 건축은 인간을 나타낸다고 이렇게 웅변한다. "인간이 땅 위에, 또는 땅으로 세운 모든 건물에는 그들의 정신 그리고 그들의 패턴이 크고 작게 발생하고 있다. …… 우리는 공통의 기원인 땅을 가진 위대한 인간적 표현을 바라보고 있다. 그것은 거북이 등이 거북이의 일부분인 것 이상으로, 건물은 인간 자체의 일부다."[4] 반대로 장소와 무관하면 풍토와도 무관하고 무수한 사건이 얽혀 있는 역사와도 무관해진다.

건축은 땅의 현실을 벗어날 수 없다. 루이스 칸의 킴벨미술관Kimbell Art Museum이 지어지기 전과 완성된 건물을 비교하며, 건축가란 자신이 설계할 건물이 놓일 땅에 대하여 얼마나 깊은 경의를 표해야 하며, 완성된 건물은 장소를 얼마나 활기 있게 바꾸어주는가를 생각해보자. 그리고 소크생물학연구소Salk Institute for Biological Studies가 땅의 모양을 바꾸고 계곡 주위에 자신의 자리를 마련하며 구체적인 장소로 바뀌는 모습을 보면서, 땅이란 건설 과정의 첫 단계이며, 장소란 무수한 사건과 사건이 우연히 얽히는 지점이 아님을 알게 된다. 칸은 이렇게 말한다. "당신이 건물을 짓기 시작하기 전에 그 건물에 대해 완전히 대답할 수 있다면, 그 대답은 올바른 것이 아니다. 건물이 점점 자라 완성되면서 건물이 당신에게 대답하는 것이다."[5] 건물이 땅에 자리를 잡고 건설되면서 장소를 만들어가는 모습을 가리킨 말이다.

건물은 땅에 근거하여 서로 얽히며 마을과 도시의 풍경을 만든다. 선택한 장소에 집들이 줄지어 선 풍경은 그 장소에 고유한 생활과 함께 나타난다. 풍경과 사람의 생활이 합쳐져서 장소성이 나타난다. 아크로폴리스Acropolis는 땅이 만들어낸 것이며, 아크로폴리스라는 바위산과 아티카Attica 분지를 둘러싼 산이 없었다면 파르테논Parthenon은 존재할 수 없다. 땅의 형상이 건축의 형상이다. 조경건축가 클레멘스 쉬텐베르겐Clemens Steenbergen과 바우터

리Wouter Reh에 따르면, 고립된 세계를 표상한다고 알려진 르네상스 건축에서도 연결된 장소성을 볼 수 있다. 로마의 테베레Tevere 계곡의 빌라를 보면 땅의 형상을 이용하여 서로 연관되며 극장식으로 배열되어 있다.[6]

조각가는 돌이나 나무라는 덩어리 안에서 의미 있는 이미지의 형상을 조각한다. 그러나 건축가는 장소에 이 건축 이외에는 다른 무언가가 있을 수 없다고 생각하고 대지의 특징을 읽는다. 건축가는 장소가 가진 가능성을 받아들여 장소에 새로운 활기를 주기 위해 건축물을 설계하는 사람이다. 좋은 건축가는 좋은 장소를 발견하고 장소의 질서를 만들어가는 것을 작품의 원점으로 생각하는 사람이다.

어떤 장소가 파괴되며, 또 어떤 장소가 잠재력을 드러낼까? 미술가 이우환은 이 두 가지 장소를 실험하는 두 조각가의 작업을 설명한다.[7] 하나는 다카마쓰 지로高松次郎의 〈자갈과 숫자石と数字〉•라는 행위 조각이다. 이 조각은 자연스럽게 놓였던 강가의 자갈이라도 페인트로 소수점 이하의 숫자를 칠하는 순간, 장소를 잃은 시험체의 단편으로 변해버림을 나타낸다. 페인트로 숫자를 적은 자갈은 숫자를 적기 이전과 같은 자리에 있어도, 이렇게 아주 간단한 조작으로도 장소성을 잃어버린다. 어떤 해수욕장에 산을 배경으로 연수원 하나가 놓여 있다고 하자. 강가에 자연스럽게 놓였던 자갈에 칠해진 페인트 숫자처럼, 이 건물은 해변의 소중한 장소성을 무심하게 그르친다.

이와는 달리 세키네 노부오關根伸夫의 〈위상 및 공상位相および空相〉• 시리즈 중 하나는 땅을 원통으로 파고, 그렇게 파낸 땅을 다시 같은 형태로 땅 위에 쌓아 올려 사물에 장소성을 나타낸다. 멕시코 건축가 리카르도 레고레타Ricardo Legorreta의 라 에스타디아 주거 단지Plan Maestro La Estadía 정상에 세워진 벽의 구조물도 땅의 일부가 되고 땅과 조응하는 장소가 되었다. “이 땅의 가장 높은 곳에서 우리는 주택이 아닌 무언가를 위해 쓰일 장대한 장소를 발견했다. …… 종교와 자연에 대한 경의로 기초만을 세웠다. 그 결과, 일

련의 낮은 돌벽은 우리에게 많은 상상력을 남겨주었다."[8]

건축과 장소를 어떻게 생각하는가에 따라 건축이 지향하는 지점이 이렇게 갈라진다. 라파엘 모네오는 오늘날 풍경에는 땅이 존재하지 않는다며, 하나밖에 없는 독특한 땅이 없으면 건축은 존재하지 않는다고 생각한다. 그는 건축의 본질에 해당하는 안정된 구조, 형태, 유형을 믿고 있다. 그래서 그는 현대건축에서 전통과 혁신을 잇고 역사와 문맥을 부정하는 것을 비판한다. 그런데 건축가 다니엘 리베스킨트Daniel Libeskind는 이와는 입장이 다르다. 그에게 건축은 의사소통하는 예술이며 건축 형태는 도시 안에서 초점이 되는 건축이다. 그가 생각하는 건축은 전혀 영속적이지 않은 구조를 지녔고, 형태가 변함없으며, 보편적인 유형이 없다. 주변과의 관계가 더는 판단의 기준이 되지 못하는 곳에서 익명의 랜드마크를 만들어내는 것은 아무런 해가 되지 않는다며, 기존 환경에 있을 역사성 등은 부정한다.

건축에서 장소라는 말을 사용하는 이유는 곧 건축의 정체성을 확인하기 위해서다. 이 땅 위에는 '나'의 장소가 있다. 내가 있는 장소가 이 세상의 중심이다. 어떤 고유한 '장소'에 존재하며 생활하고 있지 못하면 '나'도 없다는 인식은 작은 집의 자기 방으로 이어진다. 일본의 '협소 주택'에 사는 가족 세 사람에게 불과 15평 정도의 집 안에서 자기가 좋아하는 장소에 가 앉으라고 하자, 아내는 텔레비전을 잘 볼 수 있는 거실을, 남편은 책이 꽂혀 있는 계단 한구석을, 초등학생인 딸은 자기 공부방의 책상 밑에 있는 작은 공간을 찾아가는 장면을 보게 된다.[9] 작고 좁은 집 안에서도 자기만의 자리는 서로 다르다. 제각기 자기 삶의 의미를 더 깊이 생각하고 싶어 하는 장소가 따로 있다.

이것을 '정체성 확인identification'이라고 한다. 정체성identity이란 나에게 변하지 않는 존재의 본질이 있다고 깨닫는 성질이다. 나는 다른 사람과 구별되는 한 개인으로서, 현재의 자신은 언제나 과거의 자신과 같고, 미래의 자신과도 이어진다는 생각이다. 사람은 자신의 정체성을 장소를 통해서 확인한다. 정체성을 확인할 수 있는 장소에는 세 가지가 있다. 과거의 기억 속에 있는 장소, 앞으로 일어날 것이라고 기대하는 장소, 그리고 지금 내가 있는 장소다. 지금 내가 있는 장소가 과거의 기억 속에 있는 장소와도 이어지고 앞으로 일어날 것이라고 기대하는 장소로도 이어진다면 그야말로 나의 존재가 확인되는 값진 장소가 된다. 바로 이렇기에 건축은 장소의 정체성을 확인해준다.

사람에 따라 방에 앉는 자리가 정해지듯이, 사회적, 문화적 규범으로 장소의 의미가 규정되기도 한다. 마다가스카르 서쪽 해안 사칼라바Sakalava 부족의 집에는 평면의 각 방향이 점성술 달력으로 사용된다. 입구에서 대각선 방향으로는 부모의 침대가, 입구 가까운 곳에는 아이의 침대가 놓인다. 기둥을 중심으로 입구와 점대칭을 이루는 곳에는 의식儀式의 창이 나 있다. 남태평양 통가섬의 전통적인 가옥 양식에서도 한쪽 끝은 집주인 부부가 자는 장소이며[10] 가장家長은 보통 잠자는 곳을 뒤로하여 두 기둥 가운데에 앉는다. 이 자리를 마툴로키matuloki라 하고 그 외 방 안의 자리는 로토팔레lotofale라 부른다. 그리고 이곳에 손님이 앉을 곳이 비교적 상세하게 정해진다.[11] 건축적으로 분화되어 있지 않아도 인간관계의 일정한 규칙과 규범이 장소를 정한다.

땅에는 장소의 힘이 있다. 장소는 나에게 말을 걸어오고 어떤 자리는 신체의 일부처럼 느껴져 마음속의 고정된 장소가 된다. 네덜란드 건축가 알도 반 에이크Aldo van Eyck는 그리스 히드라섬Hydra Island에 있는 톰바지스 주택Tombazis House의 입구 홀을 보고 "하나하나의 문을 반기듯이 만드는 것. 창 하나하나에 얼굴을 주는 것. 한 사람 한 사람에게 장소를 주는 것"[12]이라고 말한 바 있는데, 집의 문과 창과 의자는 이전부터 계속 그 자리를 차지한 듯이 사는 이의 체취를 느끼게 해준다. 장소는 내가 어디 있고 어디 있었으며 또 어디에 있을 것인지를 알게 해주는 곳이다.

사람이 어디에 산다는 것은 자신이 어떻게 사는지와 같은 말이다. 시토회는 수도원이 세워지는 장소를 아주 중요하게 여겼다. 수도자가 사는 장소와 주변을 둘러싸는 풍경으로 수도회의 영성을 드러냈다. 이들은 마을과 상당히 떨어진 곳, 그것도 골짜기 안에 고립한 곳에 자리를 잡았다. 겨울철에는 해가 농장에 닿지 않을 정도였다. 이러한 장소가 자신이 하느님 안으로 들어가는 과정을 체험하게 한다고 생각했다. 밖을 내다볼 때 언제나 낮은 곳에서 위를 올려다보며 "산들을 향하여 내 눈을 드네. 내 도움은 어디서 오리오?"라는 『시편』 121편 1절의 말씀을 실천하고자 했다. 이것은 언덕 꼭대기나 산에 있었던 초기 베네딕토 수도회의 장소와는 크게 달랐다. 수도회의 영성이 달랐기 때문이다.

## 장소와 공간

### 장소와 경우

건축에서 '공간'은 가장 많이 말하고 듣는 단어지만, 이에 비해 '장소'는 특별하게 생각하지 않는 경향이 있다. 장소라고 하면 공간의 다른 이름 정도로 지나치며 공간과 장소를 잘 구별하지 않는다. 그런데 공간과 장소는 같지 않다. 건축은 사람이 생활하는 본거지를 구축하는 것이다. 이 구축하는 것을 제외한다면 심하게 말해 건축에서 나머지 것은 그다지 중요하지 않다고도 할 수 있다. 이 생활의 본거지가 바로 장소다.

괴테Goethe는 공간과 장소를 두 줄로 표현했다. "밭도 나무도 정원도 내게는 그저 하나의 공간이었다. 나의 가장 사랑하는 당신이 그것을 장소로 바꾸기까지는." 또 이런 정의도 있다. "공간은 해의 움직임과 함께 변하고, 장소는 사람의 움직임과 함께 변한다." 내가 직접 일구지 않는 밭이나 나무나 정원은 나에게는 하나의 공간일 뿐이어서 나와 상관없이 해가 움직이면 변하지만, 같은 공간이라도 "나의 가장 사랑하는 당신이" 직접 가꾸는 것들은 특정한 가치가 개입되는 장소가 된다는 뜻이다.

추상적인 공간 개념에 따라 형성된 새로운 도시에는 정체성이 결여되어 있다는 인식이 높아졌다. 장소 개념은 이러한 인식과 함께 1960년대에 팀 텐Team X의 건축적 사고에 들어왔다. 건축가이자 사상가인 인물 중에서 알도 반 에이크의 작품은 건축의 장소와 정체성에 대한 분명한 감각을 나타내는 선구자적인 역할을 했다. 알도 반 에이크는 건물과 도시 양쪽 사용자의 영향을 중시하고 공간과 장소, 시간과 경우라는 개념을 제시해주었다. 이에 대해서는 제9권 『시간의 기술』에서 다시 설명할 것이다.

장소와 공간을 구별하는 가장 첫 번째 요인은 장소가 사람과 함께 나타난다는 것이다. 그렇지만 공간은 비어 있어서 사람이 없어도 얼마든지 존재한다. 장소는 사람의 움직임에 따라 변하지만, 공간은 태양이 움직이면 이에 따라 변한다. 그래서 광장이나 시장은 생각과 물건을 교환하는 장소, 잘 아는 사람과 잘 모르는 사람이 만나는 장소라고 하지, 생각과 물건을 교환하는 공간이라고 말하지 않는다. 장소는 내 쪽을 향하여 움츠리고 닫으려는 것이지만, 공간은 밖을 향하여 자꾸 펼쳐지려는 것이다. 장소는 내가 찾아 기억을 남기는 곳이지만, 공간은 내가 찾아 나선다고 그 안에 기억이 담기지는 못한다. 이처럼 장소는 공간 안의 어떤 위치가 아니다. 장소는 무언가 인간의 이미지, 가치, 기대, 행위 등으로 공간을 차지하고 있는 어떤 한정된 자리다. 마찬가지로 건축에서 뜻하는 시간은 사람들이 마주하는 어떤 순간 또는 경우다.

### 주거와 도시

프랑스 사회이론가이자 예수회 사제인 미셸 드 세르토Michel de Certeau는 『일상의 실천The Practice of Everyday Life』[13]에서 장소와 공간을 구별했다. 사람의 몸을 두고 장소는 안정과 정착의 의미를, 공간은 자유로운 운동의 의미를 대비했다. 그가 말하는 장소란 어떤 질서 안에서 요소가 공존하며 모여 있는 것, 위치의 순간적인 구성이며 안정성을 표시하는 것, 지도처럼 바라보는 대상이다. 그에 따르면 장소는 일상적인 실천이 있기 이전에 존재하는 질서 체계다. 장소는 지도와 같이 고유한 이름이 부여된 객관적인 그 무엇이다. 이와 달리 공간은 장소가 일상적 실천에 따라 전환된 것이며, 주체가 다양하게 전유하는 것이다. 공간은 번잡한 장소이며, 공간은 한 장소가 아니라 여러 장소의 번잡이라고 정의했다. 공간은 여정처럼 걸어가는 대상이다.

장소는 주거에 가깝고, 공간은 도시에 가깝다. 먼저 주거는 인간에게 가장 근본적인 장소이지만 확대되는 도시는 주거를 계속 빼앗아온 공간이었다. 주거와 도시는 척력斥力과 같아서, 장소와 공간의 대비는 주거와 도시의 대비와 같다. 주거는 장소를 찾고, 도시는 확대되는 공간을 찾는다. 주거가 체류라면, 도시는 속도다. 주거가 땅의 고유성을 찾는다면, 도시는 이동으로 성립한다. 주거가 내밀함을 보장한다면, 도시는 유동한다. 주거가 신체와 도구에 의존한다면, 도시는 공동체를 해체함으로써 성립한다. 주거가 작은 우주cosmology를 꿈꾼다면, 도시는 세계화globalization를 꿈꾼다.

주거가 지역주의regionalism의 근간이 된다면, 도시는 국제주의internationalism의 근간이 된다. 20세기 초에 세계를 이끌었던 국제주의는 기술과 교통을 배경으로 차이를 지웠다면, 지역주의는 지역의 차이와 전통과 공동체 문화를 보존하고자 했다. 지역주의는 모든 차이를 보존하려고 장소를 지향하고, 국제주의는 모든 것이 같다며 공간을 지향한다. 장소와 공간의 차이를 더 간단히 구분한다면 장소는 'now/here지금, 여기'를 향하고 공간은 'no/where어디에도 없는'를 향한다. 영국 지리학자 데이비드 하비David Harvey도 장소와 공간을 이렇게 구분한다.[14]

이렇게 생각할 때 장소는 체류, 머무는 것이고 땅의 고유성을 찾고 내밀하고자 하며 신체와 도구에 의존하는 것, 곧 주거의 본질이다. 그러나 공간은 속도를 가진 것, 이동하는 것이고 유동하는 것, 공동체를 해체하고자 하는 것, 곧 도시의 본질이다. 다만 이 구별은 장소와 공간이 전혀 반대 개념이라는 뜻이 아니라 차이를 이해하기 위한 것이다. 지리학자 이푸 투안Yi-Fu Tuan이 『공간과 장소Space and Place』[15]에서 설명하는 바는 이렇다. 장소는 안정성이고 공간은 자유성이다. 사람은 장소에 대하여는 애착을 갖지만 공간에 대하여는 동경을 품는다. 장소는 가치를 느끼게 하고 공간은 개방과 무한에 대한 감각을 준다. 공간은 장소보다도 추상적이다. 처음에는 명확하지 않은 공간이었는데 점차 그것에 가치를 주게 됨으로써 장소가 되어간다.

투안은 인간의 모든 문화와 사회에서 '코스모스cosmos'와 '난로hearth'라는 두 가지 대립 개념이 공존해왔다고 설명한다.[16] '난로'는 각각의 고유한 문화에서 사람이 귀속하는 따뜻하고 그리운 곳, 곧 장소이자 집home이다. 그러나 사람에게 이 장소는 늘 좋지만은 않았다. 답답하고 괴로운 곳이기도 했다. 이 닫힌 공간에서 도망가기 위해서는, 달리 말하면 자신이 성장하고 사기를 발견하려면 더 넓은 '코스모스'라는 공간이 필요하다. 이렇게 볼 때 장소와 공간은 공존하는 대립 개념이다. 현대사회에서 확대되는 공간으로 장소를 잃어버렸다고 비판하지만 사람은 '코스모스'와 '난로' 사이를 왕복하며, 주거와 도시도 이와 같은 관계에 있다.

중심이 없는 곳에서는 열고 닫을 것도 없다. 종교학자 미르체아 엘리아데Mircea Eliade는 종교적 인간은 세계를 향해 열려 있다고 했다. "종교적 인간은 열린 우주 안에 살며 스스로 세계를 향해 열려 있다. …… 종교적 인간이 '열린' 세계 안에서만 살 수 있음을 확인할 수 있었다. 곧 인간은 신과의 교류가 가능한 '중심'에 몸을 두기를 바란다. 그의 주거는 작은 우주이며, 그의 신체도 마찬가지로 작은 우주다. 집-신체-우주의 동일시는 금방 나타난다."[17] 그가 말하는 "종교적 인간"은 종교를 가진 인간이 아니다. 무릇 인간은 '열린' 세계가 있는 작은 우주를 갖게 된다는 뜻이다.

엘리아데가 몸도 작은 우주이고 집도 작은 우주라고 말했을 때 '작은 우주'는 건축적으로 장소이고 주거다. 중심이라고 하면 외부와 교류 없이 닫혀 있으려고 하는 것, 내가 우선이고 주변을 지배하는 것으로 이해하기 쉽다. 그러나 중심은 외부에 대하여 자기를 스스로 열기 위한 자세였다. 주거는 도시에 대하여 열리기 위해 닫혀 있다.

실제로 주거와 도시는 전혀 상반된 것이 아니었다. "도시는 대부분 주거가 특징이었다. 말하자면 어떤 도시라도 무언가의 주거 국면이 존재하지 않으면 도시는 없고, 또 이제까지 그런 도시는 존재한 적도 없었다."[18] 이탈리아 건축가 알도 로시Aldo Rossi의 이 말은 도시라는 전체 속에 주거가 부분으로 들어 있다는 말이 아니다. 도시는 본래 주거밖에 없었다는 말로 이해해야 한다. 그렇다면 장소와 공간도 마찬가지로 대립하는 것이 아니다.

### 장소와 공간의 호흡

공간의 의미와 장소의 의미는 서로 섞여 있다.[19] 따라서 건축가에게는 공간의 장소적인 특질, 장소의 공간적인 특질이 모두 관심의 대상이다. 장소를 말하려면 공간 개념이 있어야 하고, 공간을 말하려면 장소 개념이 있어야 한다. 장소가 가진 안정성에서 공간이 가진 개방성, 자유, 위협을 의식하며, 그 반대도 의식해야 한다. 운동을 가능하게 하는 공간을 생각한다면 멈춤, 휴지休止가 되어 움직임 속의 휴지, 휴지하고 있는 장소가 변화를 일으킨다.

앞에서 알도 반 에이크는 장소와 공간의 다름을 강조하지 않았다. 장소와 공간은 사람이 숨을 들이쉬고 내쉬며 사는 것과 같다. 들이쉬는 것이 장소라면 내쉬는 것이 공간이다. 따라서 장소와 공간은 사람이 숨 쉬는 것의 다른 측면이다. "인간을 위한 여지" "인간을 위한 순간" "인간을 포함한" "인간의 이미지 안에 있는 공간" "인간의 이미지 안에 있는 시간"은 장소에 바탕을 둔 공간, 공간에 바탕을 둔 장소가 가능하여야 한다는 뜻이다. 에이크가 "인간은 호흡한다. 건축이 똑같이 호흡하는 것은 언제일까?"라고 물은 것은 이 때문이었다.

한편 장소가 없으면 주거 역시 존립할 수 없다는 논거는 프랑스 철학자 모리스 메를로퐁티Maurice Merleau-Ponty의 땅과 신체, 가스통 바슐라르Gaston Bachelard의 내밀성 이미지들과 같은 현상학적 논의로 이어진다. 장소는 땅의 고유성이라는 측면에서 문맥주의contextualism, 풍토론, 거주문화론의 바탕이 되며, 모든 것은 공간 우선으로 건축과 도시를 만들어온 근대건축에 대한 반성으로 연구되고 논의되고 있다. 마을 사람들과 워크숍을 하며 공공 건물을 완성해가는 과정은 똑같이 공간을 연속하는 것이 아니라 장소마다 개성을 가지고 장소의 건축을 만들겠다는 자세다.

1960년대 미국을 중심으로 건축에서 장소에 대한 관심이 높아졌다. 건축가 찰스 무어Charles Moore, 로버트 벤투리Robert Venturi, 도시연구자 케빈 린치Kevin A. Lynch가 건축과 도시를 생각할 때 장소의 개념을 염두에 두어야 한다고 주장하기 시작했는데, 이것이 포스트모던 건축론과 도시론의 시작이 되었다. 이는 공간의 상징적인 의미나 기하학적인 구성을 문제로 삼는 형식주의적 태도에서 벗어나 현재의 인간이 어떻게 살아야 하는지 묻는 반성과 관련이 깊다. 이런 논의는 건축을 하나의 미적인 형식만이 아니라 건축을 둘러싼 맥락이 중시되어야 한다는 방향으로 주도했다.

**장소 특정적, 장소 결정적**

장소성에 대한 논의는 1960년대 미국 미술에서도 제기되었다. '장소 특정적site-specific'이라는 말이 있다. 다른 곳이 아닌 바로 그 장소에만 성립한다는 뜻이다. 이 말은 본래 미술에서 나왔다. 이는 사물이 놓이는 장소를 충분히 알고 난 다음에 대지에서 주제나 형태나 크기를 생각해야 한다는 것이었다. 이러한 움직임의 대표자는 미국 조각가 리처드 세라Richard Serra인데, 그는 1960년대에 자기 작품의 제작 과정 자체를 넣어 〈상황 특정적Situation-Specific〉[20]이라는 작품을 제작했다.

본래 근대의 예술 작품은 이 전시장 저 전시장을 이동하였으며, 시장에서 팔리는 것이 주요 목적이 되기도 했다. 그런데 1960년대에 예술가들은 작품이 현장에 구속되는, 이동할 수도 크기 등도 바꿀 수도 없는, 그야말로 그 장소가 아니고서는 성립할 수 없는 작품을 추구했다. 건축에서 '장소 특정적'은 장소나 땅, 대지와 건물에서 떨어질 수 없는 관계에 놓인 건축을 말한다. 이는 건축이 놓이는 물리적인 환경, 주변 지역의 문화적인 맥락 등을 생각하면서 건축을 만드는 근거를 대지에서 찾아낸다는 자세다. 건축가들은 이 용어로 자신의 건축을 곧잘 설명한다.

그럼에도 건물의 개별성이 과연 땅에서만 온다고 단정할 수 있을까? 건물의 개별성이란 건물의 용도와 목적과는 아무런 관계 없이 땅의 특이성만으로 발견되지는 않는다. 실제 대지 위에 놓고 건물이 어떻게 사용될까를 보았을 때 비로소 대지의 특이성이 발견된다. 건축가가 땅의 중요성만 강조했다고 설계해야 할 건물의 고유성이 모두 결정되는 것은 아니다. 땅 위에 중요한 조건을 고려하여 여러 모형을 만드는 사이에 땅의 잠재력을 발견하게 된다.

미국 조각가 로버트 어윈Robert Irwin은 리처드 세라와 같은 '장소 특정적'이라는 개념에서 벗어나 '장소 결정적site determined'이라는 개념을 사용했다. '장소 결정적'이란 땅 자체는 별다른 특이성이 없지만 조각이 놓임으로써 비로소 장소의 의미를 알게 됨을 말한다. 장소가 건축물의 고유성을 정해주는 '장소 특정적'은 수동적이지만, 반대로 '장소 결정적'은 건축물을 만들어가는 과정에서 오히려 장소의 고유성이 결정된다고 보는 능동적인 생각이다.

그리스 신전은 바로 그 장소에만 성립하는 '장소 특정적' 건축이라고 보기 쉽다. 그리스의 에게해를 향해 고개를 쑥 내밀고 있는 수니온곶Cape Sounion이라는 특정한 자리에 포세이돈 신전Temple of Poseidon이 있는데 장소 자체가 장관이다. 그러나 이 장면에서 포세이돈 신전을 지워버리면 그저 흔한 땅처럼 느껴진다. 그만큼 수니온곶의 포세이돈 신전은 장소의 고유성을 만들어준 '장소 결정적' 건축이라고 이해할 수 있다.

미국의 예술사가 빈센트 스컬리Vincent Scully는 『땅, 신전, 신The Earth, the Temple, and the Gods』에서 이렇게 말했다. "모든 그리스의 거룩한 건축은 하나의 특정한 장소 안에서 하나의 신 또는 여러 신의 특성을 발견하고 찬미한다. 그리고 신전이 그 장소 위에 세워지기 전에는 그 장소가 알려진 자연의 힘으로 구체화되었다. 신전이 지어지게 되면 그 안에 신의 이미지를 담게 되고, 그 자신이 신의 존재와 특성을 조각적으로 구체화하는 것으로 전개되고, 의미는 본성으로서의 신의 의미와 사람들이 상상하는 신이라는 두 가지를 함께 나타낸다. 따라서 어떤 그리스 성소라도 그 형태 요소는 먼저 신전이 놓이는 특별히 거룩한 풍경이며, 풍경 안에 놓이는 건물이다. 풍경과 신전은 함께 건축적인 전체를 형성하는데, 그것은 그리스 사람들이 의도한 것이다. 그러므로 풍경은 신전과 관계하여 보고, 신전은 풍경과 관계하여 보아야 한다."[21]

여기에서 주목할 말은 "신전이 그 장소 위에 세워지기 전에는"과 "신전이 지어지게 되면"이다. 건물이 지어지기 전에는 자연에서 주어진 장소의 힘이 있었는데 건물이 지어진 뒤에는 신의 이미지를 담아 장소의 힘이 구체화되었다는 말이다. '장소 결정적'인 건축이 고대 그리스 신전 건축에 있었다.

'장소 결정적'인 건축을 이해하는 데 가장 좋은 예는 경사지를 이용한 보성 차밭이다. 차밭은 엄밀하게 말해서 원래의 자연 그대로가 아니다. 경사지를 효율적으로 이용하고 찻잎을 따는 사람이 신속하게 일할 수 있도록 적당한 간격과 높이를 계산한 결과다. 그렇다고 해서 기능과 효율 위주로 만들어진 것은 아니다. 한편으로는 자연에 가깝고, 있는 그대로의 자연에 비하면 상당히 인공적이다. 그럼에도 이런 차밭에서는 장소가 사람의 계획과 형식으로 결정되었으나 자연에 가까운 독특한 풍경을 만들어낸다. 넓디넓은 농경지를 한 대의 콤바인이 규칙적으로 바르게 갈아내는 풍경도 마찬가지다. 미관상 만들어진 것이 아니라 효율, 기술, 형식에 따라 장소가 결정되는 모습을 많이 본다. '장소 특정적'과는 전혀 다른 새로운 장소에 대한 태도다.

미국 건축가 스티븐 홀Steven Holl은 "건축은 풍경이 침입하도록 강요하는 것이 아니다. 건축은 오히려 풍경을 설명하는 것이다."라고 말했다. 풍경이 침입하도록 강요하는 건축을 풍경에 침입하는 건축으로 잘못 읽어서는 안 된다. '풍경이 침입하도록 강요하는 건축'은 바로 그 장소에만 성립하는 장소 특정적 건축과 가깝고, '풍경을 설명하는 건축'은 사람의 계획과 형식으로 장소를 결정하고 설명함을 말한다.

## 장소를 잃는 원인

### 행위가 사라질 때

장소가 인간 생존에 얼마나 깊이 관계하는지 이해하려면, 반대로 땅을 잃은 건물, 인간의 삶이 사라진 건물, 의존할 주변이 사라진 건물 등 건축이 장소를 잃어버렸을 때를 생각하면 된다. 택지를 조성하거나 도로를 낸다고 낮은 산을 마구 깎아버리고 평탄하게 만들면 아주 간단하게 장소는 더 이상 장소가 아니게 된다. 오늘의 도시는 땅의 잠재력을 없애며 발달해왔다. 토목공사로 산을 깎아내고 바다를 메워서 거대한 수평면을 만든 다음 그 위에 상자형 건축을 반복해서 세우는 것이 가장 일반화된 건설 방식이다. 건축과 토목은 건설 과정에서 서로 분리되어 생긴 결과다.

주변의 땅을 깎아대면 오랫동안 땅에 붙어 있던 집도 과거의 기억과 함께 장소를 잃는다. 대규모로 행해지는 것이 재개발이다. 오랫동안 도시 안에 서 있던 낡은 건물을 말끔히 지우고 거대 자본과 소비의 욕망이 뒤엉킨 초대형 고층 건축물이 그 자리를 채우고 있다. 재개발 사업에 밀려 헐리기를 기다리고 있는 건물 한 채를 보면, 건물이 땅을 잃어버리기 직전의 절박함이 드러난다. 이 주택에는 이미 그 자리에서 의존할 것이 사라져버렸으며 외부와 고립되어 있다.

나무와 집은 땅에 심는다는 점에서 비슷하다. 그러나 나무는 옮겨 심어도 시간이 지남에 따라 자기 자리를 잡지만, 건물은 장소를 바꾸면 아무리 시간이 흘러도 자기 자리를 잡지 못한다. 안동댐을 건설하면서 수몰될 마을의 가옥 일부를 옮겨 안동민속촌을 만들었다. 옮긴 집들의 구조와 재료는 똑같지만 마치 화분에 옮겨 심은 나무와 같이 되었다.

건물의 구조와 형태가 그대로라도 그 안에 사람의 행위가 사라지면 장소도 사라진다. 정선의 구절리 폐광 마을은 장소를 잃은 곳이었다. 비록 허물어져 있어도 건물의 물적인 요소는 갖추고 있고, 본래의 집터에 그대로 있으며, 이발소, 다방, 쌀집, 목욕탕이라는 간판이 버젓이 걸려 있긴 했다. 그러나 그 자리가 인간의 일상생활과 무관하다면, 장소를 잃은 것이다. 우리는 이를 두고 '집'이라 하지 않는다. 인간의 삶은 그 자리에서 일어나지 않는다. 즉 장소를 차지하지take place 않는다.

〈시네마 천국Cinema Paradiso〉은 장소에 관한 영화다. 제2차 세계대전이 한창이던 1940년대, 시칠리아섬의 마을 잔카르도 Giancardo에서 살던 꼬마 토토와 마을에 있는 유일한 영화관 '시네마 천국'의 영사기사 알프레도의 우정이 애틋하게 묘사되어 있다. 1940년대와 1950년대 시골 사람들에게 유일한 오락은 영화였고 마을 한가운데 광장에 있던 영화관은 삶의 중심 장소였다.

그러던 어느 날 영화관이 전소된다. 영화관을 잃은 영화 애호가들은 영화관 전면에 스크린을 걸고 광장에서 구경하는 것으로 만족해한다. 광장은 영화관을 대신하는 또 다른 의미가 있는 장소가 되었다. 사람의 행위가 장소를 만들어가는 것이다. 그 후 집에서 텔레비전을 볼 수 있게 되자 많은 사람들이 모이던 영화관은 텅 빈다. 토토가 30여 년 만에 고향으로 돌아와 보니 영화관 '시네마 천국'은 텔레비전과 비디오에 밀려 철거될 예정이었다. 고정된 장소를 잃게 만드는 중요한 요인이 대중매체와 대중문화였다. 오늘날 정보의 시대에 고정된 장소가 의미를 잃는 것과 똑같은 모습이다. 추억이 담긴 극장은 폭발로 철거되고 만다. 이것은 재개발, 재건축으로 오랜 건물의 과거 기억들은 말끔히 지우고 도시의 공간을 상품화하는 현실과 맞닿아 있다. 사람들이 모이지 않게 된 광장에는 차들이 들어서고 주차장으로 바뀐다. 영화관을 중심으로 작은 마을의 수많은 인간 군상이 장소를 잃어가는 과정이 영화의 중요한 배경이다.

영화의 배경이 되는 잔카르도는 실존하지 않는 마을이다. 영화를 촬영한 곳은 팔라초 아드리아노Palazzo Adriano 마을인데 아직도 영화 속 모습이 거의 그대로 남아 있다. 이 마을은 주인공 토토의 어린 시절을 연기한 살바토레 카시오Salvatore Cascio의 고향이었고 마을 사람들이 엑스트라로 출연했다. 그런데도 많은 사람들이 이곳을 찾아가 실제 광장에 가공의 마을 잔카르도를 덧씌워 영화 속의 이야기를 마음에 그리며 기억한다. 여기서 장소의 서로 다른 두 측면을 발견한다. 하나는 허구의 장소가 실제의 장소에 덧씌워진다는 것이며, 다른 하나는 장소란 언제나 고정된 것이 아니라 무언가의 방식으로 새로이 만들어진다는 것이다.

## 도시의 소비문화

장소의 소비를 생각해보자. 이전 텔레비전 광고에서는 유명 제품이 세계의 명소를 배경으로 소개되곤 했다. 그러나 현대 광고는 상품의 품질을 객관적으로 말하려고 하지 않으며, 구체적인 장소의 도움을 받으려 하지도 않는다. 그만큼 현대 광고에서는 장소와 대상의 관계가 중요하지 않다.

대도시에서 장소가 사라지는 가장 큰 이유는 도시의 성장이다. 일상에서 왕래하는 범위로 한정되어 있던 도시의 공간적, 사회적 넓이가 확장되고 있다. 도시가 균질해지고 어디를 가도 똑같은 풍경이 전개된다. 같은 건물과 같은 간판은 어디에나 있는 장소를 만들고 장소에 대한 애착을 잃게 한다. 이 성장은 제도, 생산, 소유라는 사회 시스템이 만든다. 도시는 많은 부분이 용적과 자본의 극대화를 위해 장소와 공간을 소비하고 있다. 자본주의가 공간과 장소를 상품화하며 도시를 확대해가는 사이 장소는 상실되고 있다.

대도시는 주택이나 사무소 건물과 도로 등 토목의 인프라 구축물, 각종 환경 설비가 복잡하게 얽혀 있다. 간판과 사인의 기호적인 표면으로 가득 차 있다. 그 결과 모든 환경 요소와 함께 체험되고, 이야기와 역사 그리고 문화로 치장된 장소성을 발견하기가 점점 어려워지고 있다. 대도시에서 역사는 희박해지고, 단편화한 무수한 장소의 집합이 되었다.

확대되는 '도시'를 생각할 때, 건축의 장소를 강조하는 것이 의미 없어 보인다. 수많은 정보는 장소와 무관하게 누구에게나 전달된다. 어디에서나 이동하며 전화를 걸 수 있으므로 장소에 구속될 필요가 없는 것이다. 이렇게 동일한 대상, 동일한 이미지 앞에서 장소의 차이는 의미가 없어진다. 정보화사회의 도시는 일반적으로 위계를 상실하고 거리감을 잃게 되어 '지금 여기에 있다'는 감각을 빼앗는다.

세상에는 다양한 장소가 있고 각각의 고유한 자연조건이 있기에 당연히 고유한 건축 재료가 있다. 그런데 콘크리트, 철, 유리와 같이 대량생산된 공업 제품을 사용하면, 건물은 균일해지고 장소의 고유함을 표현하기가 어려워진다. 대량생산품은 개성을 갖기 위해 표면에 알루미늄 등 금속판이나 돌, 타일 등으로 화장하듯 붙이곤 한다. 그러나 이것은 건물이 서는 장소나 역사성과 관계가 없어지고, 지역의 소재나 장인의 조직을 소멸하게 만든다.

근대 이후 소비문화와 함께 나타난 공간에는 장소와 무관한, 어디에나 있으면서 어디에도 없는 장소를 대량생산했다. 마치 어느 곳에서 차용한 형태로 가득 찬 하나의 세계 풍물시장처럼 말이다. 재생산 기술과 미디어 문화는 똑같은 것을 만들어내고 동시성을 촉발했다. 교통과 통신의 발달은 장소 간의 특성을 소멸시켰으며, 공간에 대한 관념을 바꿨다. 물건은 과거의 시장처럼 그것들이 놓이는 장소로 구분되지 않으며, 누구나 똑같은 물건을 어디에서나 살 수 있었다. 상업 공간은 소비에 바탕을 둔 시민의 욕망을 동시에 자극하고 '교외'의 어느 한 장소를 다녀온 느낌을 보상해준다. 서울 근교의 아울렛 매장은 유럽의 어떤 도시를 걷고 있는 듯이 만들고 그 안에는 각국에서 수입된 상품을 구경하도록 했다. 이들은 일종의 테마파크다.

### 이륙과 이동

근대건축은 장소에서 벗어나려고 했다. 미술사가 한스 제들마이어Hans Sedlmayr는 땅을 기반으로 하던 건축은 완전한 구형으로 된 클로드니콜라 르두Claude-Nicolas Ledoux의 '경작지 관리인의 집'에서 이미 부정되기 시작했다고 보았다. "땅을 기반으로 인정하는 것은 구축적인 것이다. …… 구형球形은 이러한 대지를 부정한다."[22] 이것은 건축만이 아니라 회화에서도 나타난 공통 현상이었다. "오래된 '구축된' 회화가 가지고 있던 진정한 구축의 기초, 곧 땅은 인정되지 않는다. 건축적 요소는 회화에서 쫓겨나든가 배제되고, 그 대신에 장식적인 배열이 평면에 나타난다."[23]

땅의 구속을 벗어나는 것은 근대 아방가르드 건축가의 이상이기도 했다. "우리가 품은 미래 관념의 하나는 기초를 극복하는 것이며, 땅에 속박된 상태를 넘어서는 것이다. 우리는 일련의 계획에서 이 관념을 발전시켜 왔다."[24] 러시아 절대주의 예술가 엘리시츠키El Lissitzky의 주장이 그렇다. 하늘을 나는 꿈이 실현되자 장소를 벗어나려는 다양한 계획이 시도되었다. 공중회랑과 입체로 된 기하학적 모양의 기구氣球, 그리고 러시아 건축가 이반 레오니도프Ivan Leonidov가 케이블로 만든 레닌연구소계획Proposal for the Lenin Institute은 땅과 유리된 대표적인 근대건축이다.

이륙離陸과 유목遊牧의 이상이 주택으로 나타나면 건축가 리처드 벅민스터 풀러Richard Buckminster Fuller가 설계한 다이맥시온 하우스Dymaxion House•와 같은 것이 된다. 이 주택은 대량생산을 전제로 설계되었는데, 게르처럼 생긴 주택의 하중은 높은 기둥인 마스트mast로 지지되며, 각종 설비가 집중되어 있고 이동할 수 있다. 이 주택에서는 완전한 개인주의가 가능하며, 장소를 소유하거나 구속 당할 필요가 전혀 없다. 이런 이륙의 감각이 조형적인 것으로 바뀌면 루트비히 미스 반 데어 로에Ludwig Mies van der Rohe의 콘서트홀 콜라주와 같은 무중력 공간을 추구하게 된다. 천장은 공중에 떠 있고 바닥은 균질하게 확대되며, 따라서 벽은 공간을 분명하게 한정하지 않는다.

르 코르뷔지에Le Corbusier의 필로티도 건축을 땅에서 들어 올려 땅에 속박된 건축을 해방하고 가볍게 날아가는 이미지를 주기 위함이었다. 국제건축 양식은 한 지역에 구속되지 않고 온 세계에 확산한 건축이었다. 코르뷔지에는 책 『건축을 향하여Vers une Architecture』에서 「보지 못하는 눈des yeux qui ne voient pas」이라는 장을 만들고, 기선과 비행기 그리고 자동차 사진을 계속 보여주었다. 그리고 기술이 지배하는 근대라는 시대가 이미 도래했음을 강조했다. 특히 그는 바다 위에 뜬 여객선, 하늘을 나는 비행기 그리고 땅 위를 달리는 자동차라는 근대적 산물을 되풀이하여 인용하며 장소를 떠난 '이륙' 감각을 암시했다.

코르뷔지에가 『프레시종Precison』에 그린 스케치에는 똑같은 입체로 된 건물•이 수평선 위에도 놓이고, 숲이 있는 언덕에도 놓이며 알프스에도 놓이고 마지막으로 도로가 교차하는 곳에도 나타난다.[25] 똑같은 입체 건물이지만 서로 다른 장소에 놓여 주변 환경이 다르다. 그래서 그는 건물은 홀로 놓인 것이 아니며 외부는 내부처럼 전개될 것이고 다른 표정을 갖게 되리라고 확신하고 있다. 당연히 같은 입체는 다른 환경에 둘러싸이므로 입체 자체는 다른 모습이 된다. 그러나 그는 똑같은 입체를 받는 서로 다른 환경, 그 장소는 독립된 대상을 둘러싸는 배경에 지나지 않는다는 점을 잊고 있었다.

코르뷔지에의 다른 스케치가 하나 더 있다. 그의 근대, 르네상스, 고딕, 그리스 건축이 평탄한 대지의 수평선 위에 나란히 서 있다.• 네 건물의 높이도 대체로 비슷한데 기하학적 입체의 근대건축이 저 높은 고딕 대성당과 비슷하게 그려져 있다. 마찬가지로 이 네 시대의 건물이 약간 기복이 있는 지형에, 더욱 험준한 지형에 서 있을 수 있다는 그림을 그렸다.

그러나 근대건축이 다른 세 건축과 다른 것은 근대건축은 위에서 내려와 앉은 건축이고, 다른 세 건축은 땅에서 위로 세워 올라간 건축이라는 점이다. 우주선은 장소와 전혀 관계가 없다. 우주선은 어디에서나 이륙하고 착륙할 수 있어야 한다. 우주 안에서 사람이 살기 위해서는 극도의 정밀한 환경을 고립하여 만들지 않으면 안 된다. 그러나 위에서 내려와 위로 올라간다는 점에서 그의 건축은 우주선을 닮았다.

건축사가 베아트리스 콜로미나Beatriz Colomina는 코르뷔지에의 주택을 영화적인 프레이밍으로 분석했다. 코르뷔지에가 어머니를 위해 지은 '작은 집'이 있다. 콜로미나는 그 집이 놓인 대지에 대한 코르뷔지에의 태도를 이렇게 말했다. "주택은 대지 앞에 놓여 있지, 대지 안에 놓여 있지 않다." 그리고 "대지site는 시야sight다."[26] 이는 코르뷔지에가 장소에 귀속되기보다는 움직이는 렌즈로 포착된 시각적인 풍경에서만 존재하는 대지를 이해하고 있었음을 지적한 것이다.

고정된 장소를 부정하기 위해서는 건축은 이동을 강조한다. 움직이는 건축에는 기초가 없다. 이러한 건축은 건축의 기본인 부동성을 정면에서 부정한다. 유목형 건축 중 가장 기본적인 것은 몽골의 게르처럼 이동할 수 있게 만든 집이다. 건축 자체가 동력기관이 아니므로 건축물이 움직이려면 다른 수송 기관의 도움을 받아 운반될 수 있어야 한다.

벅민스터 풀러의 '다이맥시온 개발 단위Dymaxion Deployment Unit'도 제2차 세계대전 중 미국 전투기를 소련에 이동시킬 때 조종사나 기술자의 주거로서 사용된 것으로, 전장에서 쉽게 이동할 수 있고 건설이 가능한 주거 시설이다. 1960년대 영국의 건축가 집단 아키그램Archigram은 '쿠시클Cushicle'을 고안해 완벽한 환경을 휴대할 수 있는 장치를 제안했다. 아키그램은 이미 당시의 장소에 구속되지 않고 이동 환경에 대응하는 '보행 도시The Walking City'나 '인스턴트 도시Instant City', 자동차 생활을 연장한 '드라이브 인 하우징Drive in Housing' 등 이른바 유목형 건축을 계획했다.

## 허구적 장치

### 아모

18세기 이후의 픽처레스크 정원과 박람회 그리고 백화점의 관계를 살펴보면 근대 이후에 나타난 도시인의 생활에 장소의 이탈이 어떻게 이루어졌는지 알 수 있다. 18세기 풍경식 정원에는 아모hameau•라는 장치가 있었다. 아모란 시골에 있는 건물을 축소하여 정원 한구석에 두는 것을 말하는데, 뷔트 쇼몽 공원Parc des Buttes Chaumont에서 본격적으로 실현된 바 있다. 가장 대표적인 아모는 베르사유 궁전Château de Versailles 안에 있는데, 1786년 루이 16세가

마리 앙투아네트를 위해 프티 트리아농Petit Trianon에 만든 것이다. 이 환경 장치는 노르망디처럼 시골 분위기를 맛보기 위한 것이어서 겉은 소박하게 보이지만 안은 화려하게 꾸몄다는 점, 그리고 실제로 생활하지 않으면서 단지 눈으로만 시골 생활을 즐기려는 점에서 허구적 장치였다.

이렇게 하여 서로 다른 장소와 시기에 지어진 건물들이 정원이라는 하나의 장소 속에 수집되었다. 그러나 그 건물은 마치 그 장소에 오래전부터 있었던 것처럼 가장한 것에 지나지 않는다. 정원 풍경 속에 등장하는 가공의 건물을 '파브리크fabrique'라 하는데, 이는 '위조하다fabriquer'에서 나온 말이다. 파브리크는 오직 시각에 호소하는 요소이며, 일시적이어서 고유한 장소와 무관한 요소다. 그리고 이 허구의 정원은 한곳에 머무르지 않고 계속 움직이면서 우연히 출현하는 불규칙성을 즐기기 위한 공간이다. 따라서 이 정원은 눈이 지배하는 공간이다. 그 결과 이 허구의 장소는 이전에 느끼지 못하던 확대된 공간이 필요하게 되었다.

**박람회장**

근대건축사 교과서에서는 19세기의 박람회장을 단순한 기술의 산물로 설명한다. 그러나 박람회장은 18세기의 정원처럼 장소를 잃은 허구의 풍경을 근대 기술로 재해석한 것이다. 박람회장은 축소된 무한 공간이며, 거대한 이동 공간이다. 박람회장은 크게 두 가지로 이루어지는데, 하나는 독립된 파빌리온이며 다른 하나는 거대 구조로 된 공간이다. 장소를 잃은 가설적인 파빌리온은 박람회장에 두루 전시되고, 거대 공간 안에는 물건이 전시된다. 이때 전시되는 물건은 정원 속 파브리크와 같은 효과를 갖는다.

장소를 잃은 근대의 무한 공간은 결코 아방가르드의 예술가가 발명한 것이 아니며, 미스 반 데어 로에의 콘서트홀 콜라주처럼 우아하기만 한 것도 아니다. 그 공간은 근대 이후의 소비문화와 함께 나타났다. 현대도시도 예외는 아니다. 현대도시는 각종 파브리크로 가득 찬 하나의 세계 풍물시장이다. 현대도시가 어디에나 있으면서 어디에도 없는 장소가 된 데에는 이런 배경이 있다.

제들마이어는 박람회 건물이 상점 건축을 비롯한 건축 내부에 미친 다양한 영향을 명쾌하게 설명한다. 그의 말을 주의 깊게 읽으면 현대건축의 이론적 배경이 된 도시 문화 현상에 그대로 적용됨을 알 수 있다.

"박람회의 정신은 기묘하게 뒤섞인, 말하자면 잡종의 정신으로, 극장적인 것, 장식적인 것, 서커스적인 것, 환상적인 것 등이 실제적인 것과 결합해 있다. 이 정신이 상점의 진열이것도 소규모의 박람회다이나 새로운 힘을 가진 포스터나 새로운 불꽃인 전광 장식을 만들어낸다. …… 이 정신은 극장에 침입하여 상연되거나 '쇼' 또는 '리뷰'로서 실현된다. …… 이와 같은 박람회 안에서, 우리는 먼저 예술적인 것의 새로운 대용품, 곧 '보는 것'이나 '센세이션'이나 깜짝 놀라게 하는 것이나 이제까지는 없었던 것이나 새로운 것 등 무턱대고 찾는 욕구를 알 수 있을 것이다."[27]

근대 백화점은 박람회장처럼 화려한 물건과 함께 귀족 취미의 손님을 위한 거대 공간을 아울러 갖추어야 했다. 파리에 있는 갤러리 라파예트 백화점Galeries Lafayette은 주사위 놀이식 포스터를 만들었는데 비행기로 세계 각지, 심지어는 달나라 지점까지 순회하며 물건을 구입하는 백화점의 축제적 분위기를 이용한다. 이 포스터에는 기술의 발전에 따른 근대의 무한 공간과 축제적 박람회장, 그리고 백화점의 여행이 함께 표현되어 있다.

### 디즈니화

영국 지리학자 에드워드 렐프Edward Relph는 『장소와 장소 상실Place and Placelessness』[28]에서 장소를 상실하게 되는 근본적인 원인은 진정하지 않음에 있다고 지적하고 그러한 태도로는 키치kitsch와 기술을 우선으로 여기는 계획이 있다고 말한다. '키치'란 대량판매용으로 복제되거나 기존의 것들을 짜깁기해서 만들어진 조악하고 뒤떨어진 것들을 가리키는 말이다. 이에는 집과 관광이 들어간다. 장소를 잃게 하는 구체적인 방식으로는 대중전달대중매체, 대중문화 등을 꼽는다. 특히 대중문화는 역사와 신화와 환경을 초현실적으로 조합하는 '디즈니화'로 대표된다. 디즈니화의 특별한 형태가 역사를 보존한다는 미명으로 진품을 복제하여 과거를 관광 상품으로 만드는 '박물관화'다. 디즈니화가 도시 근교의 일상 경관에 이식된 '서브토피아subtopia'도 이에 해당된다.

디즈니랜드는 우리가 가고 싶어 하는 세계를 일정한 구역 안의 닫힌 공간 속에서만 건축으로 만든 허구의 세계다. 사람들은 각종 놀이 공간 속에서 흩어지고 즐거워하고 기뻐한다. 어디에서 빌려온 건물이 수직 벽면에 그려져 있고 사람은 그 사이를 줄곧 배회한다. 의외로 이런 테마파크는 기능에 충실하며 무대 공간이 잇달아 나타나 마치 내가 실제의 이국적인 장소를 여행하는 듯한 착각을 느끼게 한다. 그런데 디즈니랜드와 같은 테마 공원은 그곳에 한정되어 있지 않다. 우리가 사는 도시는 이러한 테마 공원과 닮은 데가 너무 많다. 테마 공원은 실재 도시를 모방하고, 실재 도시는 테마 공원을 모방한다. 벽화로 단장한 부산 감천문화마을이 성공했다고 하자 전국 여기저기에 벽화마을이 만들어졌다. 초라해 보이는 집의 벽을 감추고자 남이 사는 벽에 아름다운 그림을 그려 포장했다. 가난을 낭만적으로 위장하고 그 마을에서 실제의 삶을 살아가는 사람들을 관광지화한 것이다. 테마 공원으로 만든 허구적 장치는 멀리 있지 않다.

## 장소의 힘

### 토포스

#### 힘의 장

토포스topos는 그리스어로 장소라는 뜻인데 토포스 코이노스tópos koinós, 즉 공통의 장소common place라는 말이 줄어든 것이다. 라틴어로는 로쿠스locus다. 유토피아utopia나 지형학topography 모두 토포스에서 나왔다. 영어로 토픽topic이라는 말도 여기서 나왔다. 토포스는 원래 논거를 발견하기 위한 장소, 곧 이야기를 만들어가는 데 쓰이는 말들의 터전을 뜻했다. 말하자면 논거들의 창고가 토포스였다. 아리스토텔레스의 토포스론은 장소론이 아니라 변증론辯證論이라고 하는 토피카Topica였다.[29] 이것이 공간적인 장소를 나타내는 말이 된 이유는 그가 말들의 논거를 애초 공간적인 장소에서 출발했기 때문이다.

플라톤은 우주는 하나이고 하나의 원리로 지배된다고 주장했지만, 아리스토텔레스는 존재자가 존재하려면 가장 먼저 장소가 있어야 한다고 했다. 그만큼 장소는 존재의 근원이라 할 만하다. 그런데 그는 우주에는 여러 토포스가 있고, 각각의 토포스에는 각각의 원리와 법칙이 있으며, 토포스마다 물질은 달리 작용한다고 생각했다. 여기에서 중요한 말은 '각각의' 원리와 법칙이 있다는 것이다. 곧 우리가 건축을 하면서 의외로 많이 듣는 '고유한 장소' '장소의 부동성'이라는 개념은 사실 아리스토텔레스의 토포스에서 비롯한다.

그런데 그런 장소는 사물을 직접 감싼다. 장소는 사물로부터 분리될 수 있다. 따라서 장소는 감싸는 물체의 안쪽 경계라고 주장했다. 이렇게 되면 장소는 물체를 감싸는 움직이지 않는 경계가 된다. 이런 생각을 연장하면 '공통의 장소'가 우주의 가장 바깥 테두리가 된다. 그리고 그 안에서 운동이 일어나는데, 사물을 움직이고 있는 이 충실한 힘이 토포스의 힘이다. 따라서 장소는 일종의 힘의 장이다.

사물에는 본래 그것이 있어야 할 장소가 있다는 것, 그 장소는 그릇과 같으며 경계 지어 있다는 것, 그 사물이 있어야 할 장소로 돌아가야 본래의 모습을 되찾는다는 것이다. 그래서 토포스는 기억의 장소다. 고전 레토릭rhetoric의 '토피카'가 기억술과 결부되어 있던 이유도 이 때문이었다.[30]

또한 토포스의 장소는 힘을 가지고 있다. 그것은 공간을 하나의 그릇처럼 보면서도 동시에 운동을 일으키는 동적인 '장'이다. 나무는 그늘을 드리워 은신처가 될 만한 영역을 만들어준다. 그렇다고 이 나무가 장소가 되는 것은 아니다. 나무는 다른 것보다 더 잘생겼거나 좋은 조망을 얻게 해줄 때 더 넓은 영역 안에서 특정한 위치로 주위와 구별된다. 그러나 이것으로도 부족하다. 이 나무 밑에 일상생활 속에서 되풀이하여 사람들이 모이고 인식될 때 또 다른 의미의 장소가 된다. 사람들은 나무 밑에 평상을 두고 그곳에 모여 앉아 이야기하며 쉰다. 토포스가 행위를 일으키고 사물을 움직이게 했기 때문이다. 이렇게 나무 밑에서 공동체 의식이 성립하고 이곳을 떠난 사람도 돌아갈 곳으로 기억하게 된다.

그런데 땅의 잠재력은 건축을 통할 때 비로소 드러난다. 프랭크 로이드 라이트도 자신을 '땅의 밀사密使'라 하며 다음과 같은 말로 토포스의 힘을 표현했다. "그 집이 세워지기까지 아무도 그곳이 정말로 아름다운 땅이었음을 알지 못했다. 집이 세워지자 그 땅은 펼쳐짐과 깊이를 갖기 시작하였으며, 실제로 얼마나 아름다운 것이었는지 실현되기 시작했다."[31] 그는 겨울철용 집인 탤리에신 웨스트Taliesin West를 두고 이렇게 말했다. "건물은 바로 그 언덕의 눈썹이 되었다. …… 그리고 언덕의 능선은 지붕의 선이었고, 언덕의 경사는 지붕의 물매였으며, 밝은색 나무 벽의 표면은 플러스터로 마감되어 있었다."[32]

코르뷔지에의 다음 말도 라이트와 다를 바 없다. "건축적 상관에서는 대지의 요소가 용량과 밀도로, 분명하게 다른 느낌을 주는 재료의 질목재, 대리석, 수목, 잔디, 푸른 수평선, 원근의 바다, 하늘로 관여한다. …… 아드리아나 주택Villa Adriana에서 로마의 평원과 공명하듯이 설정된 바닥, 산이 이 구도를 조인다. 당연히 산을 바탕으로 구성한 것이지만."[33] 건축은 그 자리에만 머무르지 않는다. 건축은 장소를 확장해간다. "아크로폴리스의 축은 피레아스Piraeus에서 펜텔리쿠스Pentelicus까지, 바다에서 산까지 달린다. 축에 직교하는 프로필레아Propylaea에는 저 멀리 수평선의 바다가 있다."[34]

스티븐 홀의 표현대로 건축은 상황에 구속되어 있다. 상황은 장소의 경험에서 생긴다.[35] 회화나 조각, 영화나 음악은 그것이 놓인 상황과 거의 무관하지만, 건축만은 장소에 대한 복잡한 경험과 뒤얽혀 있다. 땅과 건물에는 조망이라든지 태양의 각도, 동선, 접근 등 해결해야 할 기능적인 측면이 있다. 건축은 토포스에 숨어 있는 온도, 밝기, 공간의 흐름 등 자연의 힘을 받게 된다.

이 지점에서 스티븐 홀은 중요한 지적을 한다. 건물의 땅은 물리적인 기반도 되고 형이상학적인 기반도 되며 자연의 힘은 모두 물리적인 것이지만 이것들은 건축의 형이상학을 요구한다는 점이다. 장소가 상황과 융합할 때 비로소 건물은 기능적이며 물리적인 요구 조건을 뛰어넘을 수 있다는 것이다. "칸이 설계한 소크 생물학연구소에는 하루에 한 번은 대양 위에서 반사하는 해가 중정을 가로지르는 개울물을 비추는 빛과 어우러질 때가 있다. 대양과 중정이 물 위에서 반사하는 햇빛이라는 현상에 용해된다. 건축과 자연은 장소의 형이상학 안에서 이어진다."[36] 이것이 건축과 땅이 경험적으로, 형이상학적으로, 시적으로 이어져야 하는 이유다. 이런 과정 속에서 인간이 활동함으로써 생기는 힘, 잠재하는 역사라는 힘을 장소에 담는다.

한편 '토포필리아topophilia'라는 말도 있다. 토포스와 필리아philia, 좋아하는 것로 만든 조어다. 프랑스의 철학자 가스통 바슐라르Gaston Bachelard가 1960년에 쓴 『공간의 시학La Poétique de L'espace』에서 유래한다. 바슐라르는 행복한 공간의 이미지에 대한 연구를 '토포필리장소에 대한 사랑'라고 불렀다. 그 후 이푸 투안이 『토포필리아』[37]에서 인간과 장소 또는 환경 사이에 정서적인 연관, 또는 애착이라는 뜻을 덧붙여 주체의 인식에 중점을 두는 현상학적 접근으로 환경을 논했다. 그는 외부 자극에 대한 반응인 '지각', 개념화된 경험인 '세계관', 세계에 대한 사람의 '태도'를 키워드로 하여 토포필리아를 분석했다. 민족 사이에 세계를 이해하는 방식이 다르고 생활양식의 공간적 패턴을 분석하여 정서와 장소를 결부시켰다.

**게니우스 로키**

장소의 고유성을 말할 때 '게니우스 로키genius loci'라는 말을 자주 한다. 사람을 수호하는 정령이라는 의미의 '게니우스'와 장소, 땅을 뜻하는 '로코loco' '로쿠스locus'가 합쳐진 말이다. 번역하면 '땅의 혼'으로, 고대 로마의 종교관에서 유래하며 일반적으로 땅마다 각각에 떠다니는 정기精氣를 가리킨다. 고대 그리스나 로마에서는 특정한 성지나 숲, 샘물 등 땅에는 제각기 지역을 보호하는 '땅의 혼'이 숨어 있다고 여겼다. 현대건축과 조경에서 어떤 장소의 특유한 분위기, 또는 어떤 장소가 역사를 배경으로 다른 양상을 나타낼 때 사용한다. 현대적으로 해석한다면 이는 인간 공통의 원초적인 정신문화에서 비롯하는 공공적인 것의 원형이라 할 수 있다.

'땅의 혼'과 같은 생각은 고대 동양에도 있었다. 동서남북 네 방향에는 우주를 다스리는 제왕이 있고, 그 아래 동방에는 청룡, 서방에는 백호, 남방에는 주작, 북방에는 현무라는 4방을 수호하는 신수神獸가 있다고 여겼다. 고대 로마 사람들도 마찬가지였다. 그들은 도시가 들어서는 땅은 신에게 계시를 받아야 한다고 생각했다. 그래서 신령하다고 여긴 새가 어떻게 움직이는가에 따라 신의 뜻을 판단했다. 바꿔 말하면 건축물과 도시란 언제나 새로운 것 위에 서는 것이 아니었다. 늘 있는 것, 늘 있던 곳에서 우리 삶이 어떻게 연속적일 수 있는지 확인하려 한 옛사람들의 방식이었다.

풍수風水는 '바람'과 '물'이라는 글자로 이루어졌지만 '땅의 혼'과 같은 의미였다. 풍수는 바람을 막고 물을 얻는다는 장풍득수藏風得水를 줄인 말이지만, 더 깊이 이해하면 생명을 불어넣는 땅의 기운을 뜻한다. 사람은 자연에서 태어나 바람과 물로 생명을 이루고 있으므로 바람과 물, 곧 땅과 공간이 사람에게 생명을 준다고 본다. 이것은 자연관이자, 실제로 조경과 건축 등에 영향을 미쳤다. 풍수는 어떻게 집을 지을까가 아니라 어떻게 집을 배치할까 하는 장소의 고유성에 대한 이해 방식이었다.

특히 현상학적 건축론을 주장한 노르웨이 건축가 크리스티안 노베르그슐츠Christian Norberg-Schulz의 『땅의 혼: 건축의 현상학을 향하여Genius Loci: Towards a Phenomenology of Architecture』라는 책 이름도 이와 관련 있다. 그는 이 책에서 인문 경관에서 구체화되는 상징적이며 실존적 의미와 관계 맺기를 인간 '거주'의 근본으로 설명했다. 노베르그슐츠는 이 말로 지역주의와 토속건축에 눈을 돌리게 했다. 또 이 말은 오늘날의 도시론에도 널리 사용되어 도시를 관찰하는 사람이 주체적으로 장소를 체험하고 정의하는 방법을 정립하는 데에도 사용되고 있다.

『땅의 혼』에서 프라하를 묘사한 글이 있다. 이 글은 '땅의 혼'이 이질적인 것을 엮어내면서 어떤 장소의 고유성을 지켜줌을 아주 잘 나타내고 있다. 프라하에서는 모든 것이 명확한 상을 맺지 않지만, 870년부터 지금까지 약 1,140년 동안 도시가 변화하면서도 사라지지 않고 그곳에 고유성을 갖게 해준 것이 있는데, 바로 '땅의 혼'이라는 것이다.

"프라하의 건축은 코스모폴리탄이지만, 지방적인 향기를 조금도 잃지 않고 있다. 로마네스크, 고딕, 르네상스, 바로크 또는 아르누보 풍의 유겐트슈틸Jugendstil이나 입체파에 속하는 건축물이 마치 같은 주제에서 파생된 다양한 변종인 것처럼 공생하고 있다. 중세와 고전의 형태가 변형되어 똑같은 지방적인 성격을 드러내고 있다. 슬라브적인 동방, 독일적인 북방, 갈리아적인 서방, 라틴적인 남방이라는 각각의 모티프가 프라하에서 만나고 섞여서 하나로 통합되고 있다. 이 과정을 가능하게 한 촉매가 바로 고유한 '땅의 혼'이었다. 그것은 이미 앞에서 말했듯이 땅과 하늘에 관한 특수한 감각 속에 있다."[38]

18세기 조경 설계에서도 장소성을 확인하면서 풍경식 정원을 만들 때 '땅의 혼'이라는 말을 많이 사용했다. 영국 시인 알렉산더 포프Alexander Pope는 새로운 정원술을 이렇게 강조했다. "모든 것을 땅의 혼에게 물어보아라. 그러면 물이 올라갈지 떨어질지 그 혼이 말해줄 게다."[39] 그런데 18세기 영국의 풍경식 정원은 장소의 정체성을 회복하려는 것이 아니라 그 자체가 이미 추상화된 개념이었다. 땅의 형상, 방위, 식재, 토질과 같은 자연조건과 거기에 세워지는 건물 등이 총체를 이뤄 디자인의 가능성을 지칭하는 개념이었다. 또 그 장소에서 과거에 발생한 여러 가지 일화를 의미하는 것이기도 했다. 이 역사적 사실은 무엇을 의미하는가?

주목할 것은 건축하는 사람, 철학 하는 사람이 장소에 얽힌 보편성을 통해 역사의 보편성을 입증하는 것은 아닌지 의심하는 것이다. 1980년대에 장소를 통해 근대의 균질 공간을 비판하는 것이 빈번했으며 이때 18세기 영국의 풍경식 정원에 많은 관심을 기울였다. 장소는 분명하고 자기 정체성을 가진 부분이었고, 이를 통해 부분의 자율성을 주장하는 것이기도 했다. 이때부터 장소는 땅이 지니는 잠재적인 가능성, 또는 장소에 담겨 있는 역사적인 배경이나 문화적인 축적에 관해 더 함축적으로 말하게 되었다. 때로 장소는 풍토에 의존하여 논의되는데, 풍토론은 역설적이게도 역사주의에 가깝다. 역사주의가 인간의 본질이란 역사적으로 규정되어 상대적이며 따라서 다양하다는 입장을 취하는 것처럼, 풍토론도 마찬가지로 상대주의에 입각하여 환경의 중요성을 강조한다. 풍토론도 또 다른 역사주의를 배경으로 하는 것이다.

### 노베르그슐츠의 장소

1970년대에 현상학에 근기하여 공간 대신 장소라는 개념으로 건축을 새롭게 바라보려는 움직임이 일었다. 그중 가장 큰 영향을 미친 이는 노베르그슐츠일 것이다. 그는 하이데거의 주장을 건축으로 옮겼다. 매일의 경험은 특별한 장소와 관계를 맺고 있으며 행위는 그때 비로소 의미를 갖는다고 말한다.

그가 장소를 정의할 때 영어로 'take place'라고 하는 것은 행위나 사건은 장소를 점하는 것과 같기 때문이라고 설명한다. 사건은 '장소place'를 '취해야take' 일어난다는 말인데, 이는 장소가 있기에 행위나 사건이 가능함을 지적한다. 당연하면서도 중요한 지적이다. '-이 있다'는 'There is'라고 하는데 무엇이 '있으려면is' '장소There'가 있어야 한다. 사물은 그 장소에 있지만There is 사건은 장소에서 일어난다take place.

모든 중심은 '행위의 장소'가 된다. 장소는 우리가 의미 있는 일들을 경험하는 목표가 되고 관심을 갖는다. 주요한 대상이기도 하다. 장소는 자신을 정위定位, 즉 자신의 위치나 자세를 능동적으로 정orient한다. 장소를 찾는 것은 기대하거나 생각하지도 못한 발견이 된다. 장소의 특징은 크기로 정해진다. 또한 장소는 영역성territoriality으로 배우고 일하고 노는 장소를 만든다. 이 영역성이 개인과 여러 사람, 공동의 장소에 있는 사회를 정한다. 그러려면 장소는 경계가 필요하고 이로써 장소는 내부로 경험된다.

노베르그슐츠는 "모든 장소는 성격을 갖는다."고 정의한다. 공간은 장소를 3차원으로 조직하지만 성격character은 어떤 장소가 가지는 포괄적인 성질이다. 그는 장소의 성격을 분위기 또는 공기atmosphere라고도 불렀다.[40] "우리는 행위가 다르면 장소는 다른 성격을 가져야 한다고 지적했다. 주거는 '보호적'이어야 하고, 사무실은 '실용적'이어야 하며, 무도장은 '흥겨워야' 하고, 교회는 '엄숙해야' 한다."[41] 이 문장에서 작은따옴표로 표시한 표현이 잘 어울리는지 아닌지는 중요하지 않다. 여러 형용사로 장소의 성격을 강조하려 한 점이 더 중요하다.

기능주의에서는 건물의 공간 안에 무엇이 놓이는가에 관심을 집중했다. 교실이라면 학생 수에 맞게 책상과 의자를 어떻게 배열하는지가 문제였다. 책상과 의자가 놓이는 교실에서 학생들이 어떤 마음으로 공부하며 그 안에서 어떤 인간적인 교류가 이루어지는지 묻는다면 그 장소에서 무엇이 일어나는가를 생각하는 것이다. 이렇게 되면 장소는 단순한 그릇이 아니라, 그 안에서 어떤 행위가 일어나는 동적인 '장'이 된다.

'건축을 만드는 것'이 아니라 주변의 무엇을 '건축으로 만든다'의 의미는 바닥이나 벽이나 기둥과 같은 사물로 공간의 '상태', 곧 현대건축에서 말하는 '분위기'를 만드는 것이다. 사람들의 행위는 공간의 상태를 정하는 중요한 요인이다. 학교가 아무리 아름답고 깔끔하게 지어졌더라도 학생들이 뛰어놀고 공부하고 움직이지 않는 학교라면 장소의 '상태'가 사라졌다고 할 수 있다.

이렇게 장소의 고유한 풍경은 고유한 건축을 만들어낸다. “풍경도 성격을 갖는데, 어떤 것은 특별히 ‘자연적인’ 것들이다. 따라서 우리는 ‘황량하고’ ‘풍성하고’ ‘우호적이고’ ‘위협적인’ 풍경을 말할 수 있다.” 노베르그슐츠는 『땅의 혼』에서 세계의 풍경을 세 가지 패턴으로 분류했다. ‘낭만적 풍경’이란 북유럽처럼 산이 있고 숲으로 둘러싸여 있으며 미세한 지형의 장소로 이루어진 풍경이다. 이러한 풍경에서는 다양한 건축이 만들어질 수 있다. ‘우주적 풍경’이란 아프리카나 사막과 같이 하늘과 땅이 만나는 장소가 만드는 풍경으로, 단순 명쾌한 기하학으로 구성된 건물을 만든다. ‘고전적 풍경’은 그리스처럼 바다에 접하고 둘러싸인 명료한 장소가 만들어내는 풍경이다.

그는 근대건축의 기계적 배경을 반성하며 개별적이고 구체적인 상황을 중요하게 여겨야 한다고 주장했다. 매일 우리가 살아가는 세계에서 구체적인 현상, 사람, 동물, 꽃, 나무, 마을, 도로, 집, 창문, 가구 등 모든 주어진 것들에 대한 감각은 장소에 주목하는 가장 큰 이유라고 한다. 숲은 나무로 이루어지고 도시는 건물로 이루어져 있지만, 그것들은 만질 수도 없고 감지할 수 없는 수많은 현상으로 다가온다. 장소는 그 어디에 있는 위치가 아니다. 그것은 구체적인 사물들의 모양, 물질, 색, 냄새, 소리 그리고 내력과 기억 등을 가진 특별한 가치를 가진다. 이것을 대개 환경이라고 부르지만 환경을 구체적으로 표현하자면 바로 장소다. 그래서 환경을 어떻게 구체적으로 바라보는가에 대한 건축가의 세심한 배려가 요구된다.

미국 철학자 수전 랭거Susanne Langer도 건축의 장소는 땅을 차지하는 위치가 아니라고 말한다. 장소는 인간 생활과 행위의 흔적을 남기는 곳이며, 현상과 정서와 기억이 배어 있다고 본다. 장소에 대한 그녀의 설명은 노베르그슐츠가 말하는 건축의 장소와 같다. “장소는 인간 생활의 흔적으로 분절되는 것이다. 그런 장소는 살아 있는 형태처럼 유기적인 것으로 보여야 한다. …… 집이 땅의 표면에서 차지하는 장소는 말하자면 실제의 공간 안에 있는 위치다. 그런 장소는 집이 타 없어지고 몰락해도 똑같은 장소로 남아 있다. 그러나 건축가가 만드는 장소는 감정의 시각적인 표현으로 얻어지는, 때로는 '분위기'라고 할 수 있는 환영幻影이다. 이런 종류의 장소는 집이 부서지면 사라져버린다."[42] 하나는 집이 지어지기 전에 주어지는 장소, "땅의 표면을 차지하는 장소"이며, 다른 하나는 인간의 감정으로 만들어지는 분위기의 장소, "인간 생활로 분절된 장소"다. 장소는 거주의 감각을 담는다. 건물과 사는 이의 일치에서 우러나오는 장소의 감각이다.

### 비판적 지역주의

지역주의 건축이란 지역의 아이덴티티를 살리고 풍토와 문화적 콘텍스트를 설계에 담은 건축을 말한다. 이것은 20세기 후반의 국제주의 양식을 비판하고 단순한 이항대립이 아닌 상보적인 가치를 중요하게 여겼다. 비판적 지역주의critical regionalism는 영국 건축비평가 케네스 프램프턴Kenneth Frampton이 제창한 개념이다.

그러나 본래 비판적 지역주의라는 말을 처음으로 사용한 사람은 1981년 그리스 건축가 알렉산더 츠오니스Alexander Tzonis와 건축사학자 리안 르페브르Liane Lefaivre였다. 그들이 사용한 '비판적'이란 용어는 사고의 습관에 대항한다는 의미였다. 이들은 근대건축에 대한 해결책으로 비판적 지역주의를 주장한 것이 아니었다. 역사의 이미지를 빌려 기억을 억압하고 과거를 소비하는 상업적인 지역주의, 감상적인 지역주의, 애국심에서 비롯한 지역주의에 대한 회의였다.

프램프턴의 비판적 지역주의는 후위주의後衛主義의 관점을 지닌 '저항의 건축'이었다. 보편적 문명의 산물인 근대건축과 지역 고유의 전통을 융합한다는 입장이었다. 프램프턴은 보편적인 문명이 개별적인 지방 문화를 압도하게 된 지금, 촉각을 중요하게 여기며 토착 재료와 기술로 실천하는 후위주의만이 보편적 기술을 신중하게 이용하면서, 고유의 저항 문화를 전개할 수 있다고 생각했다. 그러나 전위前衛인 포스트모던 건축은 대중매체나 기호의 조작으로 대중자본주의에 흡수되었다고 보았다. 그의 비판적 지역주의는 감상적이고 보수적 지역주의와는 거리를 두었다.

프램프턴은 『현대 건축: 비판적 역사Modern Architecture』[43]와 『비판적 지역주의를 향하여Towards a Critical Regionalism』[44]에서 밝혔듯이, 공간의 신체적인 체험을 중시하고, 장소에 뿌리를 내린 건축, 풍토성을 최대한 살린 건축을 지향한다. 그는 일곱 가지 태도를 강조한다. 첫째, 유토피아주의와 관계하지 않는 주변적인 실천일 것. 둘째, 독립한 오브제가 아니라 경계를 만드는 건축일 것. 셋째, 배경화법적인 건축이 아니라 결구술結構術, tectonics의 건축을 실현할 것. 넷째, 대지의 특수 요소를 강조할 것. 다섯째, 미디어에 저항하고 촉각적인 것을 중시할 것. 여섯째, 때로는 토착적인 요소를 전체 속에서 이질적인 사건으로 다시 해석할 것. 일곱째, 보편적인 문명에서 벗어나려는 문화적인 작은 틈을 만들 것.

프램프턴은 비판적 지역주의의 예로 시각 이외의 신체적인 경험을 강조한 세이나찰로 타운홀Saynatsalo Town Hall을 설계한 알바 알토, 멕시코의 루이스 바라간Luis Barragán, 일본의 안도 다다오安藤忠雄, 스페인의 오리올 보히가스Oriol Bohigas, 포르투갈의 알바로 시자Álvaro Siza 등을 들고 있다.

그러나 그의 비판적 지역주의는 작품 자체보다 비평가 쪽의 인식 방식이라는 한계를 지닌다. 미국의 비평가 프레드릭 제임슨Fredric Jameson은 프램프턴의 비판적 지역주의를 날카롭게 비판했다. 제임슨은 선택된 작품은 모두 토착 지역이 아니라, 이미 후기 자본주의 사회에 속한 곳에서 지어졌음을 지적한다. 또 프램프턴의 비판적 지역주의는 이음매, 반원근법, 건축적, 촉각적인 것을 중시하고, 후위, 주변, 저항을 동시에 강조하지만, 포스트모더니즘과 결부된 채로 저항한다고 비판했다. 보편성과 개별성이라는 것이 건축 문화에만 나타나는 것이 아니라, 20세기 후반의 포스트포디즘Post-Fordism이나 디즈니랜드와 관련된 기업이 지역의 고유한 기호에 맞도록 제품을 조정하고 있으며, 지역 문화를 존중하고 토착 건축을 제대로 바꾸어 응용하고 있음을 강조한다. 따라서 프램프턴의 비판적 지역주의는 보편성과 지역성을 같이 의식하고 있으나 저항이라는 의지를 제외하면 결국은 후기 자본주의의 전략과 다를 바 없다는 것이다. 이미 오래된 개념이기는 하나, 장소를 존중하는 지역성 또는 지역주의를 바탕으로 우리의 건축이 논의될 때 등장하는 기본 개념임에 틀림없다.

## 장소의 생산

### 코라와 공터

고대 철학에 '코라chora'라는 공간 개념이 있다. 플라톤이 우주 창세론인 『티마이오스Τίμαιος』에서 사용한 말인데 장소에 관한 용어다. '코라'는 그저 공허한 장이 아니다. 플라톤은 우주론에서 원리를 제시했다. 규정 원리이며 존재자의 원형인 이데아가 있다. 다른 한편에 조형자의 신인 데미우르고스Dēmiourgos가 있다. 데미우르고스는 무질서하게 움직이는 볼 수 있는 모든 것으로 우주를 창조했다. 그는 언제나 같은 상태로 있는 것의 본보기인 이데아를 따라 우주를 만들었다.

데미우르고스는 일반적으로 '만드는 사람Homo faber'을 투사한다. 보통 '우주를 만든 제작자 또는 조물주'로 번역된다. 진정한 신은 데미우르고스가 만든 세계의 바깥에 존재한다고 본다. 흔히 건축이론에서는 건축가를 데미우르고스에 비견한다. 건물을 만든다는 것이 어떤 의미를 지니는지 깊이 생각해보라는 뜻이다.

그리고 이 세상에는 존재자의 질료, 즉 '코라'가 무한정하게 있다. 데미우르고스가 가진 질서의 힘으로 우주는 아름다운 '코스모스'로 나타난다. 코라는 결정할 수 없는 무질서를 낳은 원리로 그 안에는 뭔가가 있거나 누구에게 배당하여 살고 있는 것과 같은 장소다. 당연히 데미우르고스는 이와 같은 코라의 무질서에 저항하며, 이데아를 따르는 형상을 만들어낸다. 따라서 코라는 생성되는 모든 것이 위치할 바를 제공해주고 온갖 생성의 수용자가 되는 장소다. 플라톤이 말하는 코라는 예지적인 존재와 없어져 버리기 쉬운 생명 사이에 있으면서, 코스모스인 우주라는 존재를 가능하게 해주는 무언가다.

그래서 플라톤은 코라를 어머니라고 말했다. 그것은 받아들이고 새로 만들어내는 개구부다. 그곳에 있는 자연 자원, 역사적 자원을 받아들이고 그다음에 새로운 사람들의 세계를 생성한다. 그렇다면 코라는 장소다. 토포스에서 장소는 체험하는 것이었으나, 코라에서 장소는 생산하는 것이다. 이런 장소에서 건축이 만들어지고 땅과 일체가 되는 생활을 새로 만들어낸다. 따라서 '코라'는 건축을 사이에 두고 장소와 생활을 하나로 묶는다.

프랑스 철학자 자크 데리다Jacques Derrida는 코라를 "이것도 아니고 저것도 아니며, 이것이자 저것이라고 말할 수 없는 것"이라고 했다. 그러니 "그것은 ……이다" "그것은 ……이 아니다"라고 할 수 없다. 코라는 의미를 주면 이에 계속 저항하는 곳이다. 그래서 코라는 언제나 '외부'로 밀려난 모든 영토 밖으로 도주한다. 완전한 공백의 사막 지대인데, 항상 의미를 생산시킬 수 있는 자리다. 아무것도 세워지지 않고 쓰이지 않은 장소이지만, 모든 것을 받아들이는 공백과 같은 장소다. 비유하자면 어떤 학생이든 앉을 수 있는 이름 없는 좌석과 같은 개념이다.

코라는 우리 가까이에서 발견할 수 있다. 공터나 빈터가 코라다. 공터나 빈터는 그저 비어 있는 널찍한 땅이 아니다. 집이나 밭 따위가 없어 비어 있는 땅이다. 따라서 공터나 빈터는 방치되어서 비어 있는 편평한 땅이다.  따라서 이 땅에는 집이 지어지거나 정원 등이 생길 가능성을 늘 가지고 있다. 이것을 데리다의 말에 대입해보면, 이 땅은 "주택지도 아니고 놀이터도 아니며, 주택지이자 놀이터라고 말할 수 없는 곳"이다. 굳이 "주택지, 공공용지니, 근린공원이니 하는 이름을 붙이기에 적합하지 못한 곳"이다. 공터나 빈터는 "그곳은 주택지다"라고도 말할 수 없고, "그곳은 주택지가 아니다"라고도 말할 수 없다.

코라는 공터와 같은 곳이다. 광장은 건물로 둘러싸여 경계가 분명하지만, 공터는 경계가 뚜렷하지 않고 아무것도 일어나지 않을 수도 있고 어떤 것도 일어날 수 있는 장소다. 공터는 행위가 일어나야 비로소 장이 나타나는 장소다. 여기에 정해진 지식과 법규와 용도에 따라 건축가가 계획하고 시공자가 건물을 지으면 공터는 대지가 되어 지하가 잘리고 그 위에 구축물이 들어와 정해진 특별한 장소가 될 것이다. 데미우르고스라는 건축가가 설계라는 질서 있는 힘으로 나타낸 건물은 작은 우주이고 아름다운 '코스모스'다. 그러나 공터는 그러한 행위가 일어나지 않는 곳이며, 동시에 그러한 행위가 일어날 수도 있는 공간이다.

만일 공터에 건물이 있었는데 어느 때 사라져버려 그 장소가 공터가 되었다면, 건축물은 그 터에 태어났다가 죽은 것이다. 그러나 공터는 태어난 적이 없으므로 죽은 것이 아니며 이미 그 곳에 있다. 따라서 공터는 플라톤이 말했던 코라다. 폐허가 되었거나 용도를 잃어버려 컨버전해야 하는 폐교 건물도 코라다. 일정한 규칙으로 지어졌으나 이제는 아닌, 그렇다고 아무것도 세워져 있지 않은 것도 아닌 장소다. 아직 정해지지는 않았지만 모든 것을 받아들이는 공백처럼 어떤 용도로 컨버전할 수 있는 커뮤니티 센터, 도서관, 미술관 등도 코라다.

코라는 건물을 설계할 때도 생각의 근본이 될 수 있다. 루이스 칸이 "철도역은 건물이기 이전에 길이 되려고 한다."라고 했을 때 그 건물은 '철도역을 위해서 지어진 건물이기 이전' 또는 '철도역이 아닌 것으로 지어진 건물'이라는 의미다. 이는 철도역에서 '철도역인 것'을 빼낸다. 또한 루이스 칸은 학교의 시작을 다음과 같이 말했다. "선생이라고 생각하지 않는 선생과 학생이라고 생각하지 않는 학생이 나무 아래에 앉아 있는 곳." 이는 학교에서 '학교인 것'을 빼낸다. 철도역이나 학교라는 이름을 붙이기 이전에 존재하는 장소인, 철도역 또는 학교의 코라이고 공터다. "……이다"라는 의미 부여를 떼어내는 칸의 말은 건축설계의 근본이자 장소의 의미를 짧게 알려주는 중요한 말이다.

## 테랑 바그, 어반 보이드

코라라는 개념을 도시 규모로 바라보며 사용한 용어가 '테랑 바그terrain vague', 곧 공터다. 테랑 바그는 버려진 지역, 쓸모없어진 비생산적인 공간이나 건물 또는 종종 확정되지 않고 특정한 제한이 없는 장소를 말한다. 이는 현대 대도시에 버려진 장소들을 구축된 공간으로 변형하여 도시의 생산 논리에 다시 통합하기 위한 프랑스 용어다. 공업지대, 철도역, 항만, 위험한 주택, 지구, 오염된 장소는 일상적으로 바깥에 놓여 있고 잊혀져 있으며 과거의 기억이 현재보다 강하고 그 가치가 남아 있지 않은 듯 여겨진다. 현대도시는 고밀도에 고도로 토지를 이용하지만 예기치 못하게 빈 땅이 생기기도 한다. 이 빈 땅은 그것에 맞는 건축물이 들어서겠지만 경우에 따라서는 오랫동안 이용하지 못한 채 방치된다. 주차장이 되기도 하지만 임시로 사용될 뿐이다.

카탈루냐 건축가 이그나시 데 솔라모랄레스Ignasi de Solà-Morales는 버려진 지역, 건물, 장소가 황폐해져서 생산성이 없는 부재의 상태가 오히려 가치 있음을 주장했다. 그는 이런 가치가 후기 자본주의 도시에 만연한 수지 우선의 현실에 대한 대안으로서 자유 공간이 된다고 말한다.

솔라모랄레스는 영어 '테레인terrain'이라고 말하면 험난하고 울퉁불퉁한 산악 지형이나 농지가 되지만, 프랑스어 '테랑terrain'은 건물과 도시를 지을 수 있게 정확하게 구획된 토지를 말하기도 하고, 이보다는 넓고 그다지 엄밀하게 구획하지 않은 영역도 의미한다고 말한다. 이용할 수 있음에도 마치 국외자처럼 무언가 규제되는 땅의 한 구획이라는 물리적인 개념과 관계있다고 한다.[45]

또 '바그vague'는 '공허하여 점유되고 있지 않은' '개방된, 이용할 수 있는, 선약이 없는'이라는 의미다. 버려진 지역, 쓸모없어진 비생산적인 공간이나 건물 또는 종종 확정되지 않고 특정한 제한이 없는 장소다. 예를 들면 이제는 기능을 발휘하지 못하고 남겨진 영등포의 산업시설 같은 대규모 이적지가 '어반 보이드urban void'다. 아직은 용도나 활동이 없고 확정되어 있지 않으나, 바로 그렇기 때문에 자유로운 이동, 자유로운 시간, 자유에 대해 기대되는 가능성의 공간이다.

'테랑 바그'와 같은 말이 '어반 보이드'다. 본래 보이드void에는 물리적으로나 정신적으로 내용이 '결여되어 있다'라는 뜻이 있다. 도시 안에는 밀도가 떨어지고 분단 현상이 일어나는 빈 공간이 생긴다. 물론 공원이나 녹지 공간을 말하는 것이 아니다. 도시의 어떤 한계 때문에, 공간이 도시가 필요로 하는 바와 관계가 부족하여 남겨지고 자리 잡게 된 '결여 부분'을 말한다. 곧 콘텍스트, 프로그램, 텍스처, 도시의 경계와 관련되었다는 점에서 도시적인 조건이 마련되어 있지 못한 곳을 말한다.

스페인 건축가 에두아르드 브루Eduard Bru는 이렇게 말한다. 어반 보이드란 "도시가 성장한 이후에도 계속되는 모든 것, 가장 갈등에 차 있는 장소"[46]다. 그리고 솔라모랄레스도 이러한 장소를 "아직 알고 있지 못한 것을 땅이라는 형태로 나타낸 것이며, 그 땅이 제기하는 미적, 윤리적 문제는 현대사회 생활의 문제를 포함하고 있다."[47]라고 말한다.

그러나 은유는 사실을 오도할 가능성이 크다. 예를 들어 '어반 보이드'는 그 자체가 은유에 따른 표현이다. 한때 이 표현이 한국 건축계에서 화제가 되었다. 이것을 '도시의 빈터' '도시의 비움'이라고 번역하지는 않지만 '보이드'라는 단어는 받아들이는 쪽에서 어떻게 이해하는가에 따라 여러 해석과 오해가 가능하다. 이 말이 잘못 쓰이는 사례가 많았고, 학생들도 잘못 이해하고 있는 경우도 많았다. 그렇다면 이것을 잘못 유포한 건축가는 '코라'의 본뜻을 모른 채 '어반 보이드'가 지닌 가능성을 결과적으로 흐리게 만든 셈이다.

### 비장소

인간은 오랜 역사를 거치며 자신도 모르는 땅으로 공간 이동을 하면서 지내왔다. 도시에서 사람들이 이동을 거듭하게 된 배경에는 여행이 있다. 사람들은 여가를 가지게 되었고, 도로나 수로라는 인프라 네트워크, 기차와 자동차 등의 이동 미디어가 발달했으며, 진기한 풍경이나 잘 모르는 나라의 풍습 등을 가치 있게 만드는 정보 미디어가 발달했다.

현대사회에서 사람들은 계속 이동한다. 그래서 이동은 현대 건축과 도시를 새롭게 생각하게 한다. 공간 체험이라는 관점에서 '이동'을 보면, 건축은 목적점이 아니라 통과점이다. 건축 공간에서는 가고자 하는 목적과 그것에 이르는 통로라는 두 요소가 가장 중요하다. 여행이라는 관점에서 도시를 생각하면 사람은 도시에서 출발하여 어떤 도시로 향한다. 출발지도 도시고 목적지도 도시다. 여행이라는 이동 방식이 바뀐다면 여행을 가능하게 만드는 도시에 대한 인식도 바뀐다.

그렇게 되면 이동이 빈번하여 목적지가 어디 하나로 정해져 있지 않으며, 지금 가려고 하는 건축물도 목적지가 아니라 결국은 다른 곳을 향해 통과하기 위한 것이라고 볼 수 있다. 통과점인 건물은 최종 목적지가 아니므로 언제나 외부에 접속되며, 이동이 일어나도록 언제나 외부를 향하게 된다. 그렇다면 건축물이 목적지인 고정된 커뮤니티만이 아니라 일시적 커뮤니티도 가능해져서, 이전과는 다른 공동체의 변화가 따르고 이를 위한 공간 배분도 달라진다.

세계화를 통해 장소가 크게 바뀌고 있다. 집을 중심으로 바라보던 정주형 사회에서 탈중심화한 비정주형 사회로 바뀌어, 정주지와 정주지 사이를 잇는 교통과 미디어가 이전과 비교할 수 없을 정도로 중요해졌다. 그러나 그런 곳은 장소가 될 수 없는 곳인데도 왠지 장소와 유사한 것이 되고 마는 경험을 많이 하게 되었다. 지하철역은 열차를 타고 내리고 이동하는 곳인데도 이미 일상생활에 깊이 들어와 있다.

프랑스 인류학자 마크 오제Marc Augé는 『비장소: 초超근대성에 대한 소개Non-place: An Introduction to Supermodernity』[48]에서 이처럼 장소라고 보기에는 의미가 부족한, 도시 안에서 움직이기 위해 이동 수단이 되는 곳을 '장소가 아닌 장소'라는 뜻으로 '비장소'라고 말했다. 자동차 도로, 체인 호텔, 공항, 철도역, 환승 공간, 레저 파크, 고속도로 휴게소, 쇼핑센터, 대형할인매장 등 전 세계 어디를 가도 똑같은 풍경을 만들어내는 장소가 '비장소'다.

'비장소'란 장소의 성격을 잃었음을 부각하는 말이 아니다. 오늘날 도시에서 생활공간의 일부로 크게 차지한 이동 공간이 장소는 아니지만 이와 유사한 또 다른 장소로 다가오고 있어서 이를 구분하여 부르는 용어다. '비장소'는 통과하는 것이 목적이지 기억을 남기려고 머무는 장소가 아니다. '비장소'에서는 내부와 외부에 전혀 다른 시간을 경험한다.

이를테면 공항의 환승 공간은 점과 점의 간격처럼 이곳과 저 먼 곳을 잇는 곳이지만, '비장소'끼리의 근접성은 아주 높은 장소다. 정주할 때의 정체성은 아무런 의미가 없으며 그곳에 귀속되지도 않는다. 이곳에서는 자기의식, 정체성에 관한 인식, 직업, 국적과 같은 기존의 정체성을 묻지 않으며, 사람과 사람의 의사소통도 거의 없이 속도의 규칙만이 적용되는 새로운 모델의 장소다.

고속도로에서 바라보는 풍경은 운전자에게 깊이 들어오는 풍경이 아니다. 고속도로 요금소에서는 카드로 결제하고, 공항에서는 체크인을 하며 신원이 증명되면 탑승권을 받고 출입국관리소를 통과해, 이후 면세점을 엿보게 된다. 기내에서는 여러 속박에서 잠시 벗어날 수 있다. 이 모든 과정은 이 장소에서는 이렇게 행동하라고 또는 이렇게 하지 말라고 지시하는 메시지에 따라 움직이며 이용하는 장소가 된다. 그곳에는 고독과 겉보기만이 있다.

스마트폰 앱에서도 서울 고속터미널역이나 강남역 등 교통의 흐름이 교차하는 곳의 실내 지도 버튼을 누르면 지하도 평면이 제공된다. 지하층이 그만큼 복잡하기 때문이기도 하지만 흐름, 이동이 교차하여 생기는 결절점이 정의하지 못하는 무언가의 장소가 되어 간다는 증거다. 다른 곳에 사는 사람이 교통이 편리한 곳에 모이거나 갈 일이 많으므로, 그만큼 교통의 주요한 지점의 실내 지도가 많이 쓰인다. 이런 곳이 '비장소'인데, 그만큼 비장소는 우리 생활 속에 깊이 들어와 있다.

## 장소는 또 만들어진다

### 사건

정보 통신의 발달로 장소의 의미가 퇴색되고 있다. 집에서 식사하는 대신 레스토랑에서 식사하듯이 이제까지 주택의 일부였던 행위가 밖으로 나가버렸다. 생활의 일부가 이동 가능한 것으로 바뀌면서 공용 장소가 개인 장소로 바뀌었다. 개인 공간이 공공 공간과 직접 연결되고 경계는 소멸하고 있다. 프랑스 철학자 질 들뢰즈Gilles Deleuze는 땅에 근거한 국경이나 사유지에 구애받지 않고 이행만을 계속하는 사고를 유목민에 비유하며 현대사상을 새롭게 해석했다. 사회가 정주형定住型에서 유목형遊牧型으로 바뀌고 있다.

유목이란 한 곳에 정주하지 않고 소나 양 등의 가축과 함께 물이나 목초를 찾아 이동하면서 목축을 하는 것이다. 유목민, 즉 노마드nomad는 계절마다 이동한다. 목축 이외에 집시처럼 생업을 위해 이동하는 사람들도 이에 포함된다. 유목민은 '아버지인 하늘' 아래 텐트로 이동하며 생활한다. 그러나 장소가 유목민에게 아예 필요 없다고 받아들여서는 안 된다.

지금 도시 사람이 이렇다. 건축가 이토 도요伊東豊雄도 〈도쿄 유목소녀의 파오東京遊牧少女の包〉라는 주택 프로젝트를 통해 장소 부재의 도시 현상을 의식했다. 그는 현대 도시의 소녀가 광대한 정보의 평원을 떠돌며 도시 공간의 단편을 콜라주하여 체험하고 있다고 보고, 이동 가능한 장치만을 가진 주거를 설계했다. "그녀에게 거실은 카페 바이며 극장이고 식사 공간은 레스토랑이고 화장대는 부티크이며 정원은 스포츠 클럽이다. 유목소녀는 이 패셔너블한 공간을 배회하며 꿈꾸듯이 일상을 보낸다."[49] 이 글에서 보듯이 거실과 식당은 사라지고, 카페 바와 극장, 레스토랑과 부티크가 새로운 장소로 나타난다.

오늘날 IT 기기를 구사하여 오피스만이 아니라 다양한 장소에서 노트북을 열고 일하는 사람이 있다. 그들의 작업 방식을 '노마드 워킹', 그들을 '노마드 워커'라고 부른다. '인디워커스indie workers'는 그런 작업 스타일을 꾸려가는 사람이다. 인디워커스데

이는 인디워커스들이 정기적으로 모여 협업하는 커뮤니티 모임을 말한다. 이들이 자주 이용하는 장소는 카페인데, 노마드의 대명사 같은 장소가 되었다. 이들에게 장소가 없는 것이 아니다. 협업, 즉 코워킹co-working이라 하여 작업 공간을 '코워킹 스페이스'라 부른다. 자기 일에 전념하기 위한 공동의 스페이스를 '셰어 오피스share office'로 사용하기도 한다. 장소에 고정되지 않는다고 장소가 무의미한 것이 아니다. 고정되지 않고 이동하기 때문에 오히려 새로운 장소를 만들어간다.

현대건축은 기존 장소의 개념을 부정한다. 그 대신 이동과 '사건event'이라는 개념을 도입한다. 이것은 장소를 부정하는 것이 아니며, 사건이 장소를 대신한다는 뜻이 아니다. 기존의 장소에 '사건'이 개입함으로써 새로운 장소가 나타난다는 의미다. 이그나시 데 솔라모랄레스는 고정된 장소가 아니라 사건을 생산하는 장소의 개념을 이렇게 제시한다. "지속, 안정, 시간의 흐름에 대한 저항이라는 것의 효과는 현재 시대에 뒤떨어진 것이다. …… 현대의 장소란 수많은 선이 교차하는 십자로여야 하며, 건축가는 그런 것으로 장소를 이해할 만큼의 재능을 가지고 있게 마련이다."[50]

스위스 건축가 베르나르 추미Bernard Tschumi도 '사건'의 개념을 장소를 교차하며 유발되는 서로 다른 상황으로 규정한다. "공간, 행동, 운동이라는 건축에 대한 정의가 지니는 비균질성은 건축을 '사건', 곧 충격의 장소 또는 우리 자신을 발명하는 장소로 만든다. …… 정의하자면 사건은 차이가 조합되는 장소이다. …… 더 이상 마스터플랜도 없으며, 더 이상 고정된 장소도 없다. 단지 새로운 불균질성만이 있을 뿐이다."[51]

**경계부**

인류학자 이시게 나오미치石毛直道는 유목민도 가족과 식량을 위해 장소를 찾았다고 말한다. "유목민적인 생활양식에 따른 집은 반드시 일시적으로 견딜 만한 간단한 오두막집 이상을 짓지 않는다. 그래도 유인원의 둥지처럼 하루를 마칠 무렵 하룻밤 묵는 장소를 마련하고 다음 날 버리는 것이 아니다. 주거를 만드는 장소에는 먹을 것을 얻기 쉬운 장소, 지형, 풍향 등을 고려하며, 식량이나 물을 얻기에 편리한 기간은 이동하지 않아도 좋다."[52]

대도시라고 무조건 빠른 속도로 이동하는 것이 아니고 걸어 다니기도 하며 도시를 경험한다. 따라서 대도시의 모든 지역이 장소를 잃어버리는 것도 아니다. 도시의 경험은 신체와 미디어 관계에 따라 장소의 경험이 달라진다. 자동차를 타지 않고 걸어 다니면 신체는 국지적이며 이질적인 장을 경험하게 된다. 그러나 차를 타고 달리면 신체는 거대한 균질적인 장 또는 불연속적인 장을 경험한다.

거리에는 작은 은행, 우체국, 파출소, 슈퍼마켓, 노는 아이들, 지하철역처럼 저항 없이 걸을 수 있는 풍경이 있다. 그러나 도시라는 영역은 그 바깥에 있다. 두 가지 경험의 차이는 신체가 경험하는 방식에 대한 차이이며 환경 그 자체의 차이는 아니다. 자신의 집과 가까워서 지하철이나 버스, 지도나 내비게이션 없이도 불안하지 않은, 즉 걸어 다니는 범위에서는 얼마든지 기존의 장소 개념으로 파악되는 곳도 우리 주변에 여전히 많다. 이에 대하여 같은 도시 안에서도 철도로 이동할 때의 도시, 자동차로 이동할 때의 도시는 공간의 전개와 구조가 다르다.

장소는 중심이 아니라 경계부에서 나타난다. "오늘날 장소라는 개념은 …… 교차와 상호작용의 시나리오로서의 장이라는 더욱 추상적인 개념으로 변해 있다. 장소는 더 이상 중심이 아니라 경계부이다. 장소는 기억과 아무런 관계가 없다. 장소는 참조적인 측면과도 아무런 관계가 없다. 장소는 물리적인 것을 넘어선 무언가의 관계다. 장소는 정신 상태와 이데올로기와 아무런 관계가 없다."[53] 이런 까닭에 에두아르드 브루는 "게니우스 로키는 더 이상 우리 가운데 없다."[54]라고 단언한다.

이렇게 되면 오래된 역사적인 형태와 오래된 자리만이 장소를 규정하는 것은 아니다. 오히려 그와 상반되는, 진실하지 않다고 경시했던 테마파크와 같은 소비의 장소를 다시 보게 된다. 열악한 환경에 개입하여 그곳을 의미 있는 장소로 만들어내는 역전의 발상이 요구된다. 리안 르페브르는 이러한 발상의 전환을 '더티 리얼리즘dirty realism'으로 설명한 바 있다.

새로운 건물은 추한 현실을 강화하고, 또 다른 독해가 가능하게 함으로써 헤테로토피아heterotopia적 현실을 새로운 장소로 바꾼다는 발상의 전환이다. 이전에는 공장이나 역, 창고나 도살장 또는 군사시설이었으나, 그 뒤 노후하여 버려진 땅인 타자의 공간을 매력적인 장소로 변화시킨다. 이러한 예로는 네덜란드 건축가 렘 콜하스Rem Koolhaas의 댄스 시어터Dance Theatre, 프랑스 건축가 장 누벨Jean Nouvel의 ONYX 문화센터Onyx Cultural Center와 네마우수스Nemausus 등을 들 수 있다.

이런 논의는 도시의 장소란 역사주의적 개념으로만 파악되는 게 아니라 기계적 미디어가 신체와 어떻게 결부하는가에 따라 달리 경험됨을 말한다. 현대의 대도시에도 '토지의 혼'과 같은 장소가 있을 수 있고, 기존 개념으로 바라본 장소가 모두 사라지는 것이 아니다. 따라서 현대의 대도시에서 장소란 있지도 않으니 장소를 회복하자는 주장을 무의미하다고 쉽게 단정해서는 안 된다.

현대 도시에는 여러 흐름이 있고 유동하는 요소가 있다. 모랄레스 루비오가 말한 수많은 선이 교차하는 장소가 되려면, 현대 도시에 사람의 흐름, 차의 흐름, 정보의 흐름 등 수많은 유동하는 흐름을 파악하고 이것들이 교차하는 장소를 만든다. 그리고 그것들이 교차하여 만들어지는 유동하는 장이 기존의 토포스나 게니우스 로키와는 다른 새로운 현대건축의 장소가 될 것이다.

루이스 칸이 1951-1953년에 계획한 필라델피아 교통 스터디Plan for Central Philadelphia•가 있다. 보통 교통 계획을 세울 때 도로와 도로로 나뉜 블록을 그리는 것이 통례인데, 관련된 칸의 그림 몇 장을 보면 어떤 것은 두 줄, 어떤 것은 여섯 줄 등 오직 화살표로만 그려져 있다. 그는 1953년 이러한 표현을 남겼다.

"고속도로는 강과 같다.
이 강은 윤택하게 하는 지역을 형성한다.
강에는 항구가 있다.
항구는 도시의 주차 타워다.
항구에서 운하의 시스템이 안쪽을 향한다.
운하는 움직이고 있는 가로다.
운하는 갈라져서 독dock에 들어가 종점이 된다.
독은 건물의 현관이다."[55]

이 글에서는 고속도로→강→항구→주차 타워→운하→길→부두→진입→건물까지 도시의 여러 공간이 분절 없이 하나의 연속선상에서 일정한 역할을 잇는다. 강은 움직인다. 그런데 항구가 그 안에서 멈춘다. 멈춘 항구는 차가 움직이는 주차 타워가 된다. 항구에서는 다시 움직이는 운하, 길, 골목이 생긴다. 그리고 다시 멈추는 부두가 생긴다. 부두는 다시 갈라지고 움직인다. 이 움직임은 건물의 진입 홀로 이어진다. 그리고 그것은 건물이 담는다.

이것이 바로 사람의 흐름, 차의 흐름, 정보의 흐름 등 수많은 유동하는 흐름을 파악하고 이것들이 교차하여 만들어지는 장소다. 그리고 그것들이 교차하여 만들어지는 움직임과 멈춤이 반복되는 장을 칸은 이렇게 생각하고 묘사하고 그렸다. 이런 장은 중심이 아니라 경계부에서 나타난다.

건축은 장소를 선택하는 것에서 시작한다. 앞에서 강조하였듯이 지형이나 기후, 역사 위에서 장소는 신중하게 선택된다. 그러나 도시의 거대화와 밀도, 경제 우선의 계획 등이 이러한 장소의 관계를 단절했다. 그 결과 도시는 장소성을 상실한 건물로 가득 차고 사람들은 정보에만 의지하고 도시를 배회한다.

균질 공간 안에서도 장소를 만들 방법을 찾아야 한다. 일반적으로 '오픈 플랜'이라고 해서 칸막이 없이 트여 있어 면적을 자유롭고 융통성 있게 사용하는 중성적 공간은 장소가 되기 어렵다고 여긴다. 그러나 건축가 헤르만 헤르츠베르허Herman Hertzberger가

설계한 네덜란드의 센트럴 베헤르Centraal Beheer•는 사무소 건물 안에 구조화된 공간을 배열하여 일하기에도 적합하고 쉬기에도 적합한 자리를 만들었다. 균질한 공간 같지만 하나하나가 장소의 정체성을 인식하도록 지어진 대표적인 내부 공간이기도 하다.

## 마음의 장소

### 장소의 감각

사람은 알고 있는 어떤 지역을 도식화한 이미지를 품고 있다. 내가 집에 있으면 머릿속에는 내가 머무는 집을 중심으로 그려지고, 학교에 있으면 학교를 중심으로 그려진다. 똑같이 중요하다고 여기는 장소도 내가 집에 있을 때는 그곳이 지금 이 세상의 중심이 되는 장소다. 내가 관심이 없는 것은 아무리 크기가 커도 머릿속에 존재하지 않는 것과 같다.

그런 까닭에 머릿속에서 그리는 지도는 실제 지도와 달리 몇 개의 장소가 함께 표현된다. 자기 집 주변을 그린 어린아이의 그림에는 자기가 경험하지 못한 것이나 자기에게 중요하지 않은 것은 모두 삭제되어 있다. 오히려 다른 사람에게 전혀 중요하지 않은 '닭장'과 '가야상회'가 이 아이에게는 현실의 장소다. '마음의 장소'란 마음속에서 상상하는 것이 아니라 나의 신체가 머무는 지금 이 장소를 중심으로 한 현실적인 것이다.

한편 '장소의 감각sense of place'이라는 말이 있다. 단어만 보면 어떤 장소를 느끼는 정도로 보기 쉬우나 이는 복잡한 감각과 반복이 필요한 개념이다. 당연히 어떤 장소에 대한 느낌을 결코 한 번에 알 수 없다. 이 경험은 잠깐 동안 얻는 것이 대부분이다. 더구나 일상생활에서 마주하는 건축과 장소에 대한 감각은 그리 인상적인 것이 아닐지라도 매일 그것도 몇 년에 걸쳐서 반복되는 여러 경험이 천천히 축적된다. 이 감각은 어떤 때는 눈으로 보아 알고, 어떤 때는 방 안의 발소리를 들으며 알고, 어떤 때는 건물의 재료의 냄새로 맡아 안다. 또 이것은 잠깐 구경하려고 들르는 경우가 아니라 매일 해가 뜨거나 질 때라든지 일할 때와 쉴 때와 같은 자연적이고 인공적인 독특한 리듬이 섞여 나타난다. 이처럼 시간이 지남에 따라 사람과 환경 사이의 상호작용에서 나타나는 어떤 성질을 '장소의 감각'이라 한다.

신체가 머무는 장소에 장소의 감각이 곁들여지면 그 장소는 '마음이 머무는 장소'로 바뀐다. 건축은 단지 물리적으로 건물을 만드는 일만은 아니어서, 그 터에 사는 이의 마음과 의미가 장소의 감각에 깃들게 마련이다. 더운 여름날 커다란 나무 그늘에 앉아 무르익는 논을 바라보며 이웃과 즐거운 이야기를 나누는 것은 인간 정주의 본질이지만 장소의 감각이 사람의 마음을 이곳으로 끌어당긴다. 이로써 장소는 또 다른 작은 세계가 된다.

'마음이 머무는 장소'는 사람마다 모두 다르다. 모든 사람은 이런 장소를 다 가지고 있다. 내가 생각하기에 마음이 머무는 장소를 가장 잘 보여주는 것은 루이스 바라간의 자택에 있는 거실과 옥상정원•이다. 옥상정원은 높은 벽으로 닫힌 채 낮은 의자에 앉아 사색하며 문자 그대로 하늘과 교감하는 장소다.

'마음의 장소'는 마음이 머물지 않으면 장소가 되지 못한다는 뜻도 된다. 이때 마음이란 한 사람 한 사람의 마음이다. 집단集團과 군집群集이 마음을 가질 리 없다. 이 장소는 한 사람 한 사람의 고유성이 보증되는 곳이다. 이 마음은 만드는 사람의 마음이 아니다. 이것은 사는 사람, 그곳을 찾아오는 사람, 그곳에 앉는 사람, 그곳을 스쳐 지나가는 사람의 마음이다. 마음의 장소라는 말은 만드는 사람이 그곳에 머무는 사람의 마음을 읽어낼 수 있어야 하고 그 사람의 마음을 끌어낼 수 있어야 함을 의미한다.

마음의 장소는 마음이 머무는 장소이지, 눈이 머무는 '눈의 장소'가 아니다. 알도 반 에이크는 이런 말을 했다. "공원의 나무 그늘에 깊이 들어앉은 의자가 있고, 그것이 공간을 뚜렷하게 긴장시키는 아름다운 정경을 자아낸다고 상상해보자. 햇볕이 강하게 내리쬐는데 내가 아주 피로하여 그곳에 갔다고 하자. …… 그런데 그 의자에 앉으려고 하는 순간, 무언가 쓰여 있는 종이를 발견했다고 하자. '금방 페인트칠했음' '백인 전용' …… 이 공간은 완전히 뒤바뀌어 이제는 내가 느낀 장소가 아니게 된다. 이제 나는 그것이 진실인지 아닌지를 경험할 수 없게 되었다. 그런데도 여전히 그것을 아름답다고 생각할 수 있을까? …… 또 우리는 공간에 대하여 생긴 어떠한 감정적인 반응이 먼저 의자에 접근할 수 있도록 만들었는가, 아니면 접근할 수 없는 것으로 만들었는가 물을 수 있게 된다."[56]

아름다운 의자보다 내가 필요로 할 때 다가갈 수 있게 만들어진 장소가 더 소중하다. 우리가 필요함을 느낄 때 다가갈 수 없게 만든 방, 장소, 건물, 가로街路는 어디에나 많이 있다. '마음의 장소'는 건축에서 사람들이 연대하는 사회적 장소를 생각하고 만들게 되는 시작점과 같다.

루이스 칸은 건축 공간의 시작을 '장소'에서 찾았다. 장소에 놓인 구조물이 인간 존재의 근거를 확인시켜 주기 때문이다. "지금 설계하고 있는 이 건물은 모든 종교적 장소와 같은 특성이 있다. 그렇지만 그것은 돌덩어리가 홀로 서 있구나 하고 아는 정도의 간단한 특성을 가진 것이다. 그럼에도 그것에는 마음대로 노래를 부르거나 숲을 가로지르며 뛰노는 것 이상이 들어 있다. 그 감정은 무엇일까? 그것은 스톤헨지Stonhenge를 만들기로 한 신비로운 결정 속에 있는 것이다. …… 그것은 세계 안의 세계가 있어야 한다는 감정에서 비롯한다. 그 세계는 인간의 감정이 예민해지는 장소다."[57] 여기서 "감정이 예민해지는 장소"는 '장소의 감각'을 통해 '마음이 머무는 장소'다.

스웨덴 건축가 시귀르드 레버런츠Sigurd Lewerentz가 설계한 스톡홀름의 숲의 묘지The Woodland Cemetery, Skogskyrkogården도 지형을 살려 공동묘지라는 장소의 감각을 깊이 느끼게 한다. 특이하게 굽이치는 땅, 주요 로지아loggia에 이르는 기념적인 둑길, 그것에 인접한 십자가, 그리고 흙무더기와 같은 언덕 위에 자리 잡은 명상적인 숲 등은 특정한 종교를 넘어 인간의 마음을 흔든다. 특히 장례식을 마치고 돌아갈 때 나타나는 나지막한 언덕은 바이킹의 고분을 연상하게 하여 그들의 이상화된 죽음을 나타낸다.

## 공간의 본성을 담는 장소

"방은 마음의 장소다." 루이스 칸의 이 표현은 건축의 중요한 과제를 나타낸다. "방은 하나의 장소다. 작은 방에 한 사람과 함께 있다면, 그 방은 발생적일 수 있는 장소다. 당신은 그 장소에서 이전에 말한 적이 없던 것을 말할 수 있다. 벽은 당신에게 말을 걸며, 당신이 말하고자 하는 감각을 줄 수 있다. 이렇게 사람과 벽은 장소에서 만나는 것이다."

칸은 또한 "평면은 살기에 좋은 장소, 일하기에 좋은 장소, 배우기에 좋은 장소다."라고 단언한 바 있다. 곧 건축은 인간의 기본적인 생활을 위해 잠잘 장소, 앉아 쉴 장소, 일할 장소, 배울 장소, 관조할 장소를 만드는 것이다. 이러한 장소는 모두 일상과 평범한 행위를 받아들이는 장소다. 그리고 "예배의 장소, 가정의 장소, 인간의 다른 시설들의 장소를 구체화한 건물들은 그 건물의 본성에 대해 진실해야 한다."라고 강조했다.

칸은 건물의 본성에 따라 인간 행위 안에 있는 마음의 장소를 구체화하고자 했다. 시설의 본성인 'Form'은 인간의 행위가 일어나는 마음의 장소를 표현하는 것이다. "인간의 시설institution이라고 표현하였지만, 나는 체제establishment라는 의미로 시설을 말하는 것이 아니다. 사람은 스스로 실천하기 위한 어떤 장소를 가지고 있다는 영감, 또는 그것이 주어져 있다는 영감 없이는 다른 사람과 사회를 만들어갈 수 없다."[58] 여기서 마음의 장소는 시설의 본성이 구체적으로 나타나는 첫 번째 단계다.

칸은 '장소'라는 말을 가장 많이 사용한 건축가다. 그의 말에는 장소라는 말이 참 많이 등장한다. 예를 들어 그의 유명한 강연회 논문 「침묵과 빛Silence and Light」 하나만 보더라도 이렇게 다양하게 언급한다. '예술의 성역이라는 장소' '깨달음realization의 장소' '대학은 사람들의 재능을 키우는 장소' '대학은 인가認可의 장소' '사람들을 위한 장소' '마음을 집중할 수 있는 장소' '실존의 장소' '마음이 만나는 장소' '공간이란 무언가 다른 것을 느끼는 장소' '만남의 장소' '배움의 장소' '로비는 엔트런스의 장소' '해프닝의 장소' '아직 분할되어 있지 않은 장소' 등.

그런데 이 장소는 자연적인 땅에 기반을 둔 장소가 아닌 사람을 위한 장소다. 이곳은 인간의 마음이 머무는 곳이며, 사람들이 만나는 곳이며, 배움과 같은 인간 행위가 이루어지는 장소이고, 우연한 사건이 일어날 수도 있는 장소이자, 유보를 위한 장소이기도 하다. 그러나 로비는 엔트런스라는 드나듦의 본성을 담아낸 장소라고 말하듯이, 이 장소는 모두 공간의 본성에서 나온다.

그는 장소가 공간의 본성을 담는 방식을 이렇게 설명한다. "학교는 '어디에서 온 장소a to place'인가 아니면 '어디로 나가는 장소a from place'인가? 이것은 나도 충분히 결정하지 못한 문제이지만, 스스로 묻는 것은 대단히 중요한 일이다."[59] 여기에서 '어디에서 온 장소'란 어떤 사실의 결과로 이루어진 장소이며, '어디로 나가는 장소'란 어떤 사실의 원인이 되는 발생적 장소이다. 학교를 예로 들면, 전자는 요구되는 교실 수를 맞추어 학교를 만드는 경우이며, 후자는 학생이 무언가 깨닫고 느끼게 되는 장소를 마련하는 경우다. 그래서 복도는 '어디에서 온 장소'지만, 갤러리는 '어디로 나가는 장소'다. 갤러리란 수업 시간이 아닐 때, 친구와 이야기하며 서로 이해하고 배우는 학생들의 또 다른 교실이기 때문이다.

마지막으로 칸이 만년에 설계한 두 계획안을 보며 건축의 '장소'를 정리해보자. 그의 베니스대회의장 계획Plan for Venice Congress Hall은 수동적인 집회가 아니라 참여적인 집회를 의도하며 '마음이 만나는 장소'와 '모인다는 행위'를 구체화한다. 이를 위해 모든 좌석이 무대를 바라보도록 놓이는 회의장이나 영화관과 달리, 한가운데에 무대를 놓고 사람들이 서로 얼굴을 마주볼 수 있게 했다. 무대를 중심으로 한 무수한 동심원을 길게 자른 결과이다. 이 회의장의 완만하게 경사진 객석은 만남의 장소였던 고대 그리스의 광장과 극장을 되살리고 있다.

한편 후르바 시나고그Hurva Synagogue는 예루살렘의 역사적 장소인 통곡의 벽 근처에 서 있다. 열여섯 개의 석조 파일론pylon이 콘크리트 건물을 감싸면서 유대교 고유의 빛을 만들어낸다. 그러나 이 건물은 모형 사진에서 보듯이 새로 지어졌음에도 다른 건물과 함께 이전부터 그 땅 위에 존재한 것처럼 서 있다. 파일론에는 "'통곡의 벽'과 똑같이 적지 않게 큰 돌, 아니 얻을 수 있는 만큼 될 수 있으면 한 덩어리로 보이는 돌을 쓰고자 했다."[60] 이렇게 건물의 고유성은 그 건물이 놓인 장소성에서 나왔다. "이것은 윌슨 아치Wilson's Arch와 로빈슨 아치Robinson's Arch로 둘러싸인 '통곡의 벽'이라는 더 큰 시나고그의 일부가 되어, 그 '통곡의 벽' 앞에 놓인 귀중한 건물이 될 것이다."[61] 새롭게 자리 잡은 건물은 그것을 둘러싼 더 큰 전체, 더 큰 장소의 일부가 된다. 건축에서 장소란 건물이 뿌리를 내리는 터전이고, 인간의 마음과 행위가 구체화되는 곳이며, 인간이 역사와 관계를 맺는 자리다.

# 2장

# 건축과 거주

어떻게 거주하기를 배울 수 있을까?

지을 때 거주하기를 생각하고 배울 수 있다.

## 거주를 묻는 이유

### 사람과 공간의 관계

좋은 집은 아름다운 집, 편리한 장치와 값비싼 재료로 치장된 집이 아니라, 사는 사람이 생각하고 바라는 거주의 모습이 잘 투영된 집이다. 이는 아무리 강조되어도 지나침이 없는 사실이다. 산뜻하고 아름답거나 넓고 튼튼한 집은 어떤 것인지 금방 알 수 있고 설명하기도 쉽다. 그러나 사는 사람이 거주하는 모습을 잘 드러낸 집은 당연하지만 이해하기가 어렵다.

더 나아가 집은 단지 나무나 흙이나 벽돌을 모아놓은 것이 아니라 인간 존재를 표현하는 것이다. 집을 말할 때 수없이 들어왔지만 쉽게 지나쳐버리는 말이기도 하다. '인간 존재를 표현한다.'라는 말이 마음 깊이 받아들여지지 않기 때문이다. 왜 그럴까? 이 표현은 물체인 집에 관심을 둔 것이 아니라 그 집에 사는 사람의 마음과 관계가 있기 때문이다. 재개발로 무너진 집을 생각해보라. 나무나 흙으로 지은 것이 사라졌다. 그리고 그 안에 살던 사람들의 '존재'도 사라졌다. 한국전쟁으로 폐허가 된 서울 시가지도 마찬가지다. 집이 사라진 것은 삶의 터전과 인간 존재가 사라진 것과 다르지 않다.

집의 의미를 생각하려면 새집보다 오래된 집을 떠올리면 좋다. 흔히 집은 자연의 비바람으로부터 몸을 보호하기 위한 것이라고 하지만, 이는 결국 사람이 집을 자연에 적합하게끔 만들었다는 뜻이다. 사람이 자기가 잘 살 수 있도록 자연에 가까운 집을 만들었다는 견해다. 집을 수단으로 보는 것이다. 그러나 그렇지 않다. 반대로 사람은 집을 통해서 자연에 적합해지는 방법을 배웠다. 그래서 집에는 오랜 세대에 걸쳐 축적된 기술이 있다. 집이 아니었더라면 사람은 사람과 자연이 공존하는 방법, 살아가는 리듬을 배울 수 없었다는 뜻이다. 집은 아무것도 없는 상태에서 시작한 것이 아니다. 따라서 오래된 집은 자연적인 환경 안에서 풍토, 재료, 기술, 형태 그리고 시간의 균형을 이룬 집을 말한다.

이렇게 하여 사람은 세계에 대하여 유연한 통일을 갖출 수 있었다. 집은 혼자 사는 곳이 아니다. 집은 물질의 시스템이다. 옛날에는 자기 손으로 사물을 만들었으나, 오늘날에는 다른 사람이 기계로 만들어준다. 옛날에는 자기 손으로 과자를 만들어 먹었으나, 오늘날에는 다른 사람이 기계로 만든 과자를 사 먹는다. 집도 마찬가지다. 옛날에는 자기 손으로 집을 지었지만, 오늘날에는 건축 전문가가 집을 지어준다. 또 집을 대신 지어주는 사람도 자기가 직접 손으로 하는 일이 줄어들고 기계로 만들어진 제품을 쓰는 경우가 훨씬 많아졌다. 옛날의 물질 시스템과 오늘날의 물질 시스템이 다른 것이다. 그럼에도 건축에는 손으로 사물을 만드는 작업이 많이 남아 있다. 소목장은 손에 대패를 쥐고 깎고 조각하고 갈아 사물을 만든다.

'산다'라는 의미의 말은 여러 가지다. 'live'는 살아 있음을, 'inhabit'는 어떤 장소를 차지함을, 'reside'는 사는 기간을 강조한다. 이에 비해 '거주한다'를 뜻하는 'dwell'은 주어진 장소나 상태에 머물며 존재함을 강조한다. 이처럼 사람은 생명을 가지고 살고, 장소를 차지하고 살며, 기간 속에서 살고, 또 어느 곳에 머물러 존재하며 산다. '거주한다'는 나머지 세 가지 모두를 포함하는 근본적인 뜻을 가진다.

인간의 일상생활 속에서 '거주'만큼 깊은 의미를 지닌 것은 없다. 거주는 인간 존재와 우리가 살아가는 세계에 관한 것이기 때문이다. 그만큼 건축은 사람들의 생활에 가장 가까운 데 있다. 내가 집에 거주한다는 것은 내가 존재한다는 것이며, 동시에 나 자신이 어떤 특정한 세계를 소유하며 살아가고 있다는 증거이다. 거주는 어렵고 현실과는 무관한 것이 아니다. 가장 친근한 존재의 근거이며, 집을 짓게 되는 가장 일상적인 근거이다.

거주에는 비를 맞지 않으려고 지붕을 만드는 것 이상의 의미가 있다. 그것은 인간과 세계, 바꾸어 말하면 사람과 공간의 관계를 총칭하는 말이다.[62] 당연하게 보이지만, 이 설명에서 더 중요한 것은 '사람'이다. '거주'는 자연과 도시와 자신의 집과 장소에 대해 사람이 어떤 가치를 가지고 사는가를 나타낸다. 공간이 집이라면, 거주는 사람과 집을 만드는 사물의 관계가 된다. 우리는 시간과 공간 속에서 사람을 만나고 사건을 만난다. 그리고 누구나 일정한 장소에 머물며 마음의 안정을 얻는다. 이처럼 거주한다는 것은 인간의 실존적인 행위이며, 집을 짓고 살아야 하는 인간의 근본 조건이다. '거주'는 주택과 같은 작은 건물에서만 일어나는 개인의 행동이 아니다.

그래서 노베르그슐츠는 이렇게 설명했다. "'거주'는 건축의 목적이다. 인간은 환경 속에서 자신의 위치를 능동적으로 정하고 환경과 자기를 동일하게 여길 때, 또는 단적으로 인간이 환경을 의미 있는 것으로 경험할 때 비로소 거주하는 것이다. 따라서 거주란 단지 '피난처' 이상의 것이다. 곧 생활이 일어나는 공간이란 정확하게 문자 그대로 장소여야 한다."[63]

### 거주는 곧 정체성

노베르그슐츠는 '거주'를 보호된 장소에서 평안하게 존재하는 것으로 본다. 하이데거의 개념을 따른 것이다. 밖에서 일하고 다른 사람들을 만나다가 내가 살고 있는 집에 들어간다. 그때가 나의 정체성이 확인될 때다. 집은 가족적인 공동 존재 방식을 나타내기 때문이다. 또 이것뿐인가? 아침이 되면 집에서 나와 대학의 연구실로 들어간다. 이때가 나의 정체성이 확인되는 때다. 연구실에서는 나의 사회적인 공동 존재 방식이 나타나기 때문이다. 이런 것을 두고 사람이 어떤 장소에 귀속함으로써 자신의 정체성을 얻는다고 말한다. 거주는 그것을 표현한다.

그런데 밖에서 집으로, 집에서 나의 연구실로 가는 도중에 차를 타고 지나는 도로에서는 어떤가? 이상하게도 그 도로 위에서는 나의 정체성이 확인된다고 말하기 어렵다. 건축설계에서 도로를 '길'로 바꾸어 도시의 장소에 귀속해야 한다는 주장이 여기에서 나왔다.

노베르그슐츠의 말대로 "사물은 하나의 세계와 함께 인간을 찾아오는 것"이며, 실존의 기반인 거주를 획득하는 것이다. 책상 앞에서는 책을 읽고, 방문을 열고 들어오는 사람과 이야기를 나누려면 자리에서 일어나 그에게 다가간다. 심호흡을 위해 발코니로 나가보기도 하고, 창을 열어 자연을 바라보기도 한다. 방이나 마당, 그리고 그것을 둘러싼 지붕과 벽, 방 안에 놓인 가구와 화롯가 등, 이 모든 것은 인간 자신에게 속해 거주를 가능하게 한다. 집도 하나의 사물이다. 집은 이러한 안팎의 많은 사물 중 하나다.

노베르그슐츠는 거주를 큰 것에서 작은 것으로 나누어 생각했다. 인간과 공간이 만나 거주하는 방식을 정주定住, 도시 공간, 시설, 주택 등 네 가지로 나누었다.[64] 먼저 정주는 '자연적 거주natural dwelling'이다. 정주가 완성되면 사람들이 모여 물건과 생각과 감정을 나누는데 이것이 도시 공간이다. 다양성과 가능성의 장소인 도시 공간은 '집합적 거주collective dwelling'이다. 이런 도시 공간 안에서 사람들은 공동의 가치와 이익을 위해 더욱 구조화된 장소를 만들어낸다. 노베르그슐츠는 이것을 시설 또는 공공 건물이라 부르며, '공공적 거주public dwelling'로 나눈다. 마지막으로 개인의 생활을 위해 다른 사람과 분리된 장소를 만드는데, 이것이 주택이며 '사적인 거주private dwelling'가 된다고 설명한다. 이처럼 거주는 작은 주택에서 자연환경에 이르기까지 전방위에 걸쳐 있다는 뜻이다.

거주는 정체성에 바탕을 둔다. 정체성이란 사물과 함께 사물을 점유하며 자신의 하나의 세계를 얻는 것이다. 예를 들어 적당한 크기의 4인용 식탁에 똑같은 의자 네 개를 두는 것으로 끝나는가, 아니면 자기가 원하는 의자를 두는 것이 옳은가를 묻는 것은 정체성에 관한 질문이다. 또 식탁을 함께 식사하는 것만이 아니라 맥주도 마시고 신문도 읽으며 다리미질도 하다가 책도 읽고 아이들은 숙제도 하는 장소로 여긴다면, 그것은 식탁이라는 가구를 사는 이의 '동일화', 곧 거주로 확인하는 것이다.

이처럼 거주란 어떤 주어진 장소에 귀속하는 것, 또는 그것을 소유하는 것이다. 이렇게 장소와 거주는 서로 의존한다. 그래서 거주를 가장 잘 나타내는 다른 말은 '삶의 터전'이다. 일정한 곳에 자리 잡고 사는 것을 정주라고 하고, 정주하는 땅이나 마을, 도시 등의 공동체를 정주지定住地, settlement라고 한다. '삶의 터전'이라 할 때 '사는住 집'을 생각하지 '사는買 집'을 생각하지 않는다. '산다'는 뜻인 한자 '주住'의 '주主'에는 주인이라는 뜻도 있지만 '기둥 주柱'라는 뜻도 있다고 한다. 곧 산다는 것은 일정한 장소에 기둥을 세우는 것, 곧 어딘가에 터를 잡는 것이다.

거주의 의미는 어려운 듯 보이지만 건축가에게 매우 중요하다. 설계하는 하나하나의 작은 방이 거주의 감각을 요구하기 때문이다. 식당은 단순히 밥 먹는 곳이 아니라 식사를 통해 가족이 일체가 되는 행위가 일어나는 곳이다. 식탁은 묵직하고 오래 쓸수록 가족의 삶이 배어나면 더욱 좋고, 의자만 보아도 의자의 주인이 생각나야 하며, 식탁을 밝히는 등불은 집 안의 등을 모두 끄더라도 마음을 모으게 만드는 것이어야 한다. 이것은 부엌과 식당 하면 연상되는 시스템키친의 편리함이나 우아한 식탁의 형태보다 더욱 구체적으로 생각해야 할 대목이다. 가족이 자신의 생활을 일깨우고 작은 공동체임을 느끼게 하도록 생각하는 것이다. 건축가는 잘 지어진 건축물에 감동하듯 올바른 건축주를 통해서도 감동하는 사람이어야 한다.

## 하이데거의 거주하기

### 짓기와 사방세계

#### 거주해야 지을 수 있다

하이데거는 「짓기, 거주하기, 생각하기Bauen, Wohnen, Denken, 영어로 Building, Dwelling, Thinking」[65]라는 중요한 글을 남겼다. 그는 짓기와 사고하기는 거주하기와 떨어질 수 없다고 밝혔다. 거주하기는 목적이고 짓기는 수단이다. 그럼에도 거주하기와 짓기는 떨어진 것이 아니라, 짓기 자체가 거주하기다. 여기에서 'building'은 '짓기'이지 건물이 아니다. 더구나 이 글에는 건축이 어떠해야 한다고 말하고 있지 않다. 제목을 「짓기, 거주하기, 생각하기」[66]라고 한 것은 독일어에서는 동사가 시간을 나타내며 사람의 행위와 행동을 의미하기 때문이다.

사람이 의자와 책상을 짓는 것은 살아가기 위해서이고 의자에 앉아 책상 앞에서 생각하기 위함이다. 사람이 책을 짓는 것도 살아가기 위해서이고 책을 읽어 생각하기 위함이다. 하이데거는 독일어로 '짓는다'라는 뜻의 '바우엔bauen'이 '거주한다'라는 뜻에서 나왔으며, '존재한다'는 말과도 관계가 있다는 데 주목한다.

그래서 사람이 집이나 어떤 도구를 '짓는 것'은 사람이 존재하는 것, 거주하는 것과 어원이 같다. 짓는 것은 곧 존재하는 것이다. 집을 짓는 것은 그 안과 밖에 사는 사람들의 존재에 관한 것이다. 또 농부라는 단어와 어원이 같다고 말한다. 따라서 '짓는 사람'과 '밭을 가는 사람, 농부'는 뿌리가 같은 뜻이다. 우리말의 '집을 짓는다'와 '농사를 짓는다'도 마찬가지다.

하이데거는 거주할 수 있다면 인간은 집을 세울 수 있다고 말했다. "집은 사는 것을 통해서 비로소 집이 된다." 곧 짓는다는 것은 땅 위의 어떤 장소에 머무는 것이고, 이렇게 거주하려면 반드시 사물과 함께 머물러야 한다고 보았다. 내가 사는 장소나 공간에는 책, 책상, 의자, 창문, 바깥 건물 등 수많은 사물이 있다. 내 옆에 있는 이 사물은 나와 함께 머문다. 어떤 레스토랑에 갔더니 사용하고 남은 와인 병을 모아 장식해두고 있었다. 그 병들 뒤에는 벽돌로 벽이 치장되어 있다. 이 빈 병과 벽의 벽돌은 함께 식사하며 이야기 나누는 사람들의 생활을 담고 있는 장소와 함께 있다. 그런데 이 사물은 모두 '지어진 것'이다. 따라서 물체를 지음으로써 사람은 거주한다.

하이데거는 '거주하기'를 이렇게 설명했다. "거주하기란 땅 '위'에서, 하늘 '아래'에서, 신이라는 무한자 '앞'에서, 그리고 유한자인 인간의 공동체와 '함께' 나타나는 네 가지 방향성, 곧 사방세계四方世界, Geviert, Fourfold를 간직한다." 그는 이 네 가지를 설명하는 데 동사를 주의 깊게 구별하며 사용하고 있다. "땅을 안전하게 '살리고save', 하늘을 '받아들이며receive', 무한자를 '기다리고await', 사람에게 자신의 본성을 처음으로 '접하게 하는 것initiate'에서 거주는 네 개의 방향성을 지키는 것으로 나타난다."[67]

거주함은 전체적인 환경을 의미 있도록 체험하는 것이다. 하이데거는 다리를 예로 들어 설명한다. 다리라는 사물을 짓는 것은 이 땅과 하늘과 사람과 무한자에 대한 희망을 아우르기 위함이며, 이는 곧 거주하기를 말한다. 건축물도 똑같이 설명할 수 있다. 그러나 건축물은 다리보다 폐쇄적이다.

다리는 둑을 연결한다. 그리고 둑에 가려 있던 풍경의 한쪽과 다른 쪽을 이어준다. 이렇게 하여 다리는 강줄기와 둑, 둑은 땅, 땅은 강으로 이어지게 한다. 다리는 땅을 강 주변의 풍경이 되도록 모은다. 다리의 아치는 강물을 흐르게 하고, 하늘에서 내리는 비나 변덕스러운 날씨에 대비한다. 다리는 사람들을 연결한다. 또 다리 위에 성인상을 올려놓음으로써 무한자를 다리에 모은다. 하이데거는 사물이 땅공간과 하늘시간과 바라는 바미래와 인간현재을 하나로 모이게 한다고 말한다. 그러니까 다리를 '짓는 것'은 이 네 가지를 모이게 한다.

건축에서도 다를 바 없다. 루이스 바라간이 설계한 안토니오 갈베스 주택Casa Antonio Gálvez•은 '네 방향성'을 잘 드러내고 있다. 응접실 측면에 붙어 있는 작은 물의 중정은 일종의 추상적인 공간이지만, 거실 안에는 구체적인 사람의 생활이 있다. 이 중정의 벽에 비치는 빛과 그림자로 하루의 시간과 계절의 변화를 알 수 있다. 때로는 빛이, 때로는 나뭇잎이 그늘을 드리우는 벽 안쪽으로 거주자의 생활을 에워싼다. 벽으로 둘러싸고 공간을 비움으로써 "땅을 안전하게 살리고", 벽을 열고 창문을 두어 "하늘을 받아들이며", 사는 자의 정신적 고양을 위해 "무한자를 기다리고", 자신과 가족이 주어진 땅 위에서 어떻게 살아야 하는지 "사람인 자신의 본성을 가르치는" 행위가 안토니오 갈베스 주택의 작은 중정에 응축되어 있다.

하이데거는 어느 강연에서 검은 숲Black Forest이라고 불리는 슈바르츠발트Schwarzwald의 농가를 언급한다. 건물의 형태나 재료가 아니라, 농가에서 모이는 하나의 사건을 밝히기 위함이다. 이 농가를 지은 사람은 건축가가 아니라, 무명의 공인이거나 농가에 사는 농부 자신이다. 오늘날 대도시에서 이런 집을 짓는 것이 얼마나 가능할까?

### 심시티에는 거주가 없다

'짓기'가 없으면 '거주하기'는 불가능하다. 짓는 것과 거주하는 것이 일치하는 시대에는 거주가 가능할 수 있었다. 그러나 지금은 집을 짓는 것과 거주하는 것이 일치하지 않는다. 건축가가 어떤 가족의 주택을 설계했다고 해서 그들이 건축가가 생각한 대로 살 수도 없고 또 그래서도 안 된다. 새 옷을 입어서 시간이 지나면 친숙해지고 그 옷이 의식에서 사라지듯이 새집은 시간이 지나며 가족의 일상이 된다. 건축가란 단지 그들의 일상생활이 전개될 공간의 얼개만을 제시할 뿐이다.

일반적으로 주택에는 거실, 식당, 부엌, 침실, 현관 등이 있다. 그러나 잘 생각해보면 이 공간들의 이름은 사회적인 맥락에서 생긴 실용적인 기능들이다. 이름이 다른 방도 얼마든지 거실로 사용할 수 있다. 실제로는 모든 방이 바닥, 벽, 천장으로 되어 있으며, 이것들이 그 방의 모든 것을 정할 수 없다. 건축가는 공간의 얼개만을 마련할 뿐이다. 거실, 식당에 이러저러한 가구가 놓이고 생활이 시작되면 공간이 달라붙게 된다.

건축가는 주택을 설계하지만 주택으로 가족이 생활할 장을 설계하지는 않는다. 건축가의 임무는 주택이라는 공간에서 생활의 장을 얼마나 발생시키는가에 있다. 그러나 반대로 공간의 얼개만을 주고 가족의 생활의 장을 무시한다면 그 가족의 주택은 '거주'를 잃는다. "대도시에서는 거주가 불가능하다."[68]라는 말은 일차적으로 이런 사실에서 비롯한다. '지음으로써' '거주'할 수 있지만 짓기만으로 거주를 다 해결할 수는 없다. 따라서 '거주' 앞에서 건축가가 거주자보다 우위에 있다는 증거는 어디에도 없다.

건축하는 사람들은 집이 단지 구축물이 아니라 사람이 사는 공간임을 곧잘 강조한다. 시간에도 그냥 시간이 아니라 사람이 살아가는 시간이 있듯이, 공간도 그냥 공간이 아니라 사람이 살아가는 공간이 있다. 따라서 집에는 두 가지가 존재한다. 하나는 살아가는 사람이 '살게 된 집'이 있고, 다른 하나는 건축가가 '지어준 집'이 있다. 이 두 집은 다르다. '살게 된 집'은 시간과 공간을 들여 거주한 집이고, '지어준 집'은 주택인 집이다. 건축가는 거주를 책임질 수 없다.

한때 대한주택공사현 한국토지주택공사가 지하철에 이런 광고를 했다. "사는買 집이 아니라 사는住 집을 짓습니다." 돈으로 사는買 집을 짓는 것은 존재와 무관하지만, 사람이 사는住 집을 짓는 것은 다르다는 의미다. 효율이나 경제적인 측면만 고려하여 돈으로 "사는" 집이 아니라, 진정으로 사람이 모여 살며 이 땅에 존재하고 "사는" 집을 짓겠다는 것이다. 사람이 이 세상에 '존재'하는 것은 연필이 이 세상에 '있는' 것과는 다르다.

'심시티Simcity'라는 도시 계획 시뮬레이션 게임이 있다. 1989년에 개발된 이 게임은 지세나 기후 조건이 다른 후보지를 선택하고 인프라를 마련한 뒤 기능에 따른 주거지역이나 상업지역 등을 배치한다. 심시티는 아무것도 없는 데서 시작하여 새로이 갱신하는 대지를 시간적으로 계산하는 게임이라 지금의 도시계획 이미지에 가깝다. 어떻게 보면 사용자 인터페이스를 가진 도시 이론이라고도 할 수 있다.

장소에 주택지를 만들고 구획 정리된 땅에 토지와 주택이 상품으로 시장에 유통된다. 게임에 참가하는 사람은 시장이 되어 도로도 개설하고 발전소도 준비하는 등 인프라를 정비하며 도시를 형성한다. 그런데 시장은 계속 자신이 한 일에 대해 평가를 받는다. 판단 기준은 이 가상 도시에서 '시민은 행복한가'이다. 시민은 도시에 불만을 느끼면 다른 도시로 도망간다. 이런 사람들이 많아지면 세수가 떨어지고 투자가 줄어들며 범죄율도 높아진다.



이러한 요인은 한없이 많다. 요인이 서로 얽혀 있으므로 목적이 같아도 선택하는 방식은 다양하여, 결과적으로 만들어진 도시의 모습도 다양하다. 이 게임 안에서는 도시가 하루 또는 며칠 안에 건설된다. 실제에서는 일어날 수 없는 일이지만, 이 게임을 통해 하루 동안 완성되는 도시, 일주일 동안 완성되는 도시를 가상적으로 체험한다. 주택은 짓는 것이 아니라 사는買 것이다. 또 다른 시뮬레이티드 도시simulated city가 실제로 이루어지고 있다.

남이 농사 지은 농산물을 사 먹는 것과 텃밭을 갈아 키워서 채소를 먹는 것이 다르듯, 내가 짓지도 않은 아파트를 사서 들어와 사는 것과 두메산골에서 직접 집을 짓고 사는 것은 같지 않다. 앞의 것은 농사 '짓기'에 관한 것이고 뒤의 것은 집 '짓기'에 관한 것이지만, 이 둘은 같다. 오지에 집을 짓고 농사를 지으며 살고 있는 사람들의 이야기를 듣지만, 이들의 집은 건축가에게 설계를 의뢰하고 건설 회사가 지어준 집이 아니다.

## 시적으로 거주

노르웨이 건축가 스베레 펜Sverre Fehn이 설계한 헤드마르크 박물관Hedmark Museum, 현 아노 박물관Anno Museum의 한 창가•에는 농가에서 담가 마시던 포도주병이 놓여 있다. 어디에 버려도 전혀 아깝지 않은 병 하나가 운이 좋게 뽑혀 전시되어 있다. 땅에 굴러다닐 수도 있고 방바닥에 놓일 수도 있지만, 이 병은 두툼한 벽으로 만들어진 창가에 특별히 놓여 있다.

이 병은 창가의 돌, 벽돌, 포도주병, 창문, 빛, 마당, 돌담, 이어진 다른 건물, 하늘, 나무 등 물질의 세계, 곧 풍경과 관계를 맺고 있다. 이렇게 병은 자신을 드러내고, 창가에 드러나며, 바깥 풍경에 대해서도 열려 있게 된다. 이 빈 병에는 빛이 투과해 유리가 지닌 본래의 성질을 보여주고 있다. 때문에 이 병은 창가에만 따로 놓여 있는 게 아니다. 이 병을 나라고 생각하면 이때 창가는 나의 '방'이다. 나는 바닥과 벽으로 둘러싸인 어떤 공간 안에 있다. 빈 병을 나로 바꾸어도 근본적으로 변한 것은 없다.



하이데거는 시인 프리드리히 횔덜린Friedrich Hölderlin의 시구를 인용하여 「시적詩的으로 인간은 거주한다」라는 에세이를 썼다. 그는 이 글에서 시詩와 거주居住가 같다고 보았다. 이는 멋있게 시적으로 살아보자는 뜻이 아니다.[69] 요점은 이렇다. 사람이 아무리 세상에서 수고를 하고 아무리 많은 업적을 쌓았다고 한들 헛된 일이다. 이보다 더 소중한 것은 사람이 땅 위에서 거주한다는 사실이다. 더구나 사람이 땅 위에서 하늘을 우러러보며 거주한다는 것은 시적인 일이다. 우리말로 '집을 짓는다' '시를 짓는다'라고 한다. 따라서 둘을 합하면 "집을 시적으로 짓는다"가 된다.

땅과 하늘 사이에 거리가 있기에 사람은 땅 위에서 하늘을 우러러본다. 건물을 안과 밖으로 잇는다는 것은 거리를 재는 것과 같은 말이다. 땅과 하늘 사이의 거리를 잴 때만이 사람은 안전하게 존속한다. 그렇다면 어떤 경우는 거리가 아주 길고, 어떤 경우는 길이가 조금 덜 길 텐데 사람은 그 거리를 어떻게 잴까?

시 짓기는 거리를 재는 것이다. 이 거리는 땅을 양으로 재는 기하학geo-metry으로 재지 않는다. 사람이 거주함으로써만 잴 수 있는 거리다. "위를 보는 것은 하늘을 향해 높이 지나간다. 그러나 그것은 아직 땅 위에 머물러 있다. 위를 향한 시선은 하늘과 땅 사이에 걸쳐 있다. 이 사이는 사람이 거주하기 위한 것일 때 온전히 잴 수 있다. …… 사람은 사람으로서 언제나 하늘의 무언가를 그것에 대해 재왔다. …… 잰다는 것은 결코 땅을 재는 것geo-metry이 아니다. …… 시는 재는 것이다."[70]

시야말로 틀에 갇혀 있다. 시는 말을 닫아버린 상자와 같아서 틀에 갇혀 있지 않으면 시가 되지 못한다. 그러나 시는 규칙 속에 갇혀 있지 않는다. 상자 안에 갇힌 말은 바다로, 산으로, 나무로, 꽃으로, 물결로 이어진다. 그것을 사람이 소리 내어 읽을 때, 말이 빚어내는 이미지를 통해 말은 상자를 벗어나 공간 속으로 해방되어 날아간다. 시란 사물에서 사물로, 사물에서 인간으로, 인간에게서 인간으로 확장한다. 시는 시작을 묻고, 시작을 상상한다.

르 코르뷔지에는 레만 호숫가Lac Léman에 부모님을 위한 집을 지은 경위를 『작은 집Une Petite Maison』이라는 책에서 설명한다.

작은 책이지만 문장을 잘 읽어보면, 연로한 어머니를 편안하게 모시고 싶은 마음에서 계획한 내용이 아주 쉽게 나타나 있다. 그는 무엇보다도 이 작은 집을 위해서 남쪽에 있는 해, 산을 배경으로 남쪽을 향해 펼쳐진 호수, 그리고 호수에 알프스산맥이 비쳐 눈에 들어오는 것에 큰 관심을 기울였다. 그리고 이 책의 말미에 이렇게 적고 있다.

"마리 샬로트 아멜리, 쟌느르 페레의 아흔한 번째 생신을 축하하며. 우리 어머니는 이 해, 저 달, 이 호수, 그리고 이 집을 모두 가지셨다. 자식들의 애정에 넘친 존경에 감싸여. 1951년 9월 10일." 폭이 4미터, 길이가 16미터에 지나지 않는 이 작은 집은 장대한 자연과 그 속에서 살아가는 가족의 사랑을 담고 있었다. 틀 안에 갇혀 있는 작은 집은 해와 달과 호수로 이어진다. 코르뷔지에의 설명은 "시적으로 인간은 거주한다."를 달리 말한 것이다.

건물은 공간 안에 홀로 서 있기만 한 것이 아니다. 건축은 크건 작건 그것이 서 있는 주변과 거리를 두고 있다. 건물은 움직이지 않으며 물체의 틀 안에 있다. 뿐만 아니라 사회적 틀 안에도 있다. 그런데 창을 바라보면 이 집은 저 먼 곳으로 이어지고, 옥상에 올라가면 내가 살고 있는 집과 아무런 상관없이 산과 높은 건물이 이어진다. 햇빛도 내 방을 찾아온다. 너무나도 당연한 사실이지만 건물은 기둥, 벽, 창, 옥상을 통해 바깥의 무수한 사물을 이어준다. 그리고 말을 건넨다.

건축에서 이런 예는 얼마든지 있다. 스위스 건축가 자크 헤르초크와 피에르 드 뫼롱Jacques Herzog & Pierre de Meuron이 설계한 카이사포럼Caixa Forum 레스토랑의 창은 그냥 창이 아니다. 숲속의 잎을 통해 들어오는 빛을 받아 마치 나뭇잎에 둘러싸인 듯한 느낌을 자아내는 창이다. 내후성 강판을 부식한 모양은 벌레가 나뭇잎을 파먹은 것처럼 만들어져 있다. 나뭇잎에서 보던 빛과 그림자는 다시 바닥과 테이블 위에 그리고 식사하는 사람의 몸에 떨어진다. 나뭇잎 모양의 빛과 그림자는 강판과 유리에 머물지 않고 거리를 두고 식사하는 테이블과 사람에게도 다가간다.

루이스 칸이 디자인한 피셔 주택Fisher House은 헤드마르크 박물관의 창처럼 창가가 걸작이다. 남쪽을 향한 창은 두껍고 방의 안쪽을 감싸고 있다. 창은 빛을 바라고 있으며 외부의 풍경을 집 안에 끌어들이려 한다. 이런 창은 빛이 들어오고 풍경을 향해 열리며 사람이 창가에 머물게 되기를 '바란다'. 사람은 창가를 의자로도 쓰고 그곳에서 책을 읽고 싶은 마음이 든다. "시적으로 인간은 거주한다."란 이러한 사물과 인간의 관계를 말한다.

## 거주하기를 배우는 것

### 대도시에도 거주는 있다

하이데거가 말하는 거주의 개념을 부정하는 이들도 적지 않다. 하이데거는 '거주하기'란 평안을 느끼는 것이라는 점을 강조했다.[71] 그러나 오늘날의 비판자들은 이런 평안함은 대도시 생활에서는 거의 불가능하다고 보고 있다. 마치 예술가 폴 시트로앵Paul Citroen의 1923년 포토몽타주 〈대도시Metropolis〉처럼 현대 대도시는 고층 건물로 가득 차 있고, 건물 숲 사이로는 자동차가 생활 속으로 밀려들어와 있다. 따라서 하이데거가 묘사한 언덕 위의 농가는 현대에서는 실현 불가능한 하나의 이상일 뿐이다. 이미 '검은 숲'의 농가는 특정한 풍경 위에 놓여 있으며, 따라서 그곳에서 영위되는 거주는 현대사회 연구자에게 특정하게 비칠 수밖에 없다.

그중에서도 힐데 헤이넨Hilde Heynen은 근대성은 집 없음의 조건이 된다고 주장한다.[72] 그에 따르면 생산기술이 발전하고 사회생활이 관료화하는 가운데, 근대사회는 개인의 삶을 방랑하며 이동하게 만들었다. 그 결과 근대인의 삶에서 전통적으로 이해되던 확실성이 의미를 잃게 되었다고 설명한다. 이탈리아 철학자 마시모 카치아리Massimo Cacciari는 심지어 대도시에서 삶의 본질적인 특징은 비거주非居住, non-dwelling이며, "가정home이란 지나간 것이고, 이미 존재하지 않는다."라고 결론짓는다.[73] 그가 보기에 하이데거가 말하는 '시적 거주'는 불가능하며, 현대 생활은 하이데거가 말하는 거주와 아무런 관계가 없다. 왜냐하면 땅과 하늘, 무한자와

유한자라는 네 가지 방향성이 조화를 이루는 거주란 대도시에서는 불가능하기 때문이다.

이렇게 하이데거는 이동하는 사회나 문화를 고려하지 못하고, '거주'를 인간이 '땅 위에 산다'는 점에 근거하고 있어서 비판받는다. 아프리카의 마사이족은 익숙한 땅을 떠나 이동해야 할 때는 이주한 새 땅에 고향의 언덕과 강의 이름을 붙여주었다고 한다. 그러나 이제는 거주 공간이 사회를 유지하는 근거가 되지 못한다. 봉건사회에서 땅이란 보호와 지배를 위한 것이지만, 도시는 시민에게 자유와 해방을 보장해주는 곳이었다. 그래서 비평가들은 현대인이 이동을 기반으로 사는 일종의 유목민이며, 현대의 거주는 도시 속에서 해체되어간다고 주장한다.

그들의 주장대로라면, 현대인에게 가장 적합한 주거는 이동식 주택일 것이다. 그렇지만 유목민이었던 몽골인의 게르는 일정한 장소에 놓여 정주민의 생활을 가능한 범위에서 실천하기 위한 주거였다. 게르는 '비거주'가 아니다. 마찬가지로 현대인은 유목민이니 이동하는 주민이라고 말하지만, 정작 도시인도 정주하기를 원하며 정주를 위한 집을 짓고 산다.

철학자 카르스텐 해리스Karsten Harries는 이동식 주택이 거주의 기본적인 조건을 만족하지 못한다는 사실을 지적한다.[74] 이동식 주거라고는 하지만, 실제로는 그 앞에 포치를 두고 나무판을 깔며 울타리를 두어 땅에 고착하여 이동성을 나타내는 모습을 감추고, 오히려 땅에 뿌리를 내리는 모습을 취한다는 것이다. 이러한 사실은 거주란 비바람을 막는 데만 있지 않고, 거주하는 장소에서 제집같이 편함을 느끼는 데에도 있다는 것을 보여주는 일상적인 예이다.

하이데거가 「짓기, 거주하기, 사고하기」에서 말하려는 바는 '검은 숲'의 농가 같은 거주가 진정한 거주라는 점이 아니다. 더욱 중요한 것은 짓기와 거주하기가 떼려야 뗄 수 없는 관계에 있다는 사실이다. 우리가 '검은 숲'의 농가를 참조한다고 해서, 그런 집을 세워야 한다거나 세울 수 있음을 뜻하는 것은 아니다. 단지 이제까지 있었던 하나의 거주를 통해 그 집이 어떻게 지을 수 있었는가를 보여주기 위함이다. '검은 숲'의 농가가 현대사회에서 가능하지 않다고 해서, '짓는 것'이 '거주하는 것'이라는 사실이 현대사회에서 무의미하다고 단정해서는 안 된다. 카치아리의 말대로 가정이 존재하지 않고 남은 것이 '비거주'라면 인간이 존재하지 않는 것과 같다.

흔히 거주가 사라진 현대사회를 대표하는 모습으로 집 없는 이를 인용하지만, 그들은 집과 같은 자신만의 사적 영역을 갖지 못한 사람일 뿐, 근본적으로 거주하기를 거부하고 이동만을 거듭하는 사람이 아니다. 따라서 이를 근거로 대도시에서 거주가 사라진다고 단정하기보다는 도시의 다양한 시설로 거주의 장을 확대해가는 일이 중요하다.

'거주'는 여전히 인간 존재의 근거다. 도시인이라고 해서 자신이 '거주할 수 없음'을 바라지 않는다. 반대로 객관적인 공간의 중심이 사라졌다고 해도, 독일 철학자 오토 프리드리히 볼노Otto Friedrich Bollnow의 말대로 우리는 매일매일 되돌아올 수밖에 없는 자신의 중심에 거주해야 한다. "객관적으로 존립하는 것으로 받아들이고 있던 공간의 중심이 사라져버려도, 인간의 생활은 여전히 그러한 중심과 관련하고 있다. 바로 그것이야말로 인간이 자신의 중심 안에서 '거주하고', 인간이 '자기 집에서 편안해하며', 인간이 되풀이하여 그곳으로 '귀환할' 수 있는 장소다."[75]

### 사는 것과 짓는 것을 합친다

집에서 하던 세탁은 빨래방에서 하고, 식사는 편의점에서 사 먹으며, 친구는 프랜차이즈 커피 전문점에서 만난다. 이런 사실에 주목하면 주거의 행위가 도시로 확산해가며, 그 결과 주택에는 주거의 기능이 남지 않고, 가정은 존재하지 않는 것으로 보일지 모른다. 그러나 '거주'가 현대 도시에서 사라지는 것이 아니라, '거주'의 모습이 다양하게 나타날 뿐이다. 예를 들어 사람들은 지하철을 타고 도시 안을 이동하지만, 그들은 이동하기만 하는 것이 아니라,

지하철 안에서 신문도 보고 전화도 걸며 심지어는 자기도 한다. 이렇게 보면 지하철도 또 다른 현대의 거주 공간이 아닌가.

그러면 어떻게 거주하기를 배울 수 있을까? 지을 때 거주하기를 생각하고 배울 수 있다. "인간은 거주하기에서 지을 때, 거주를 위해서 생각할 때 비로소 이러한 것을 얻어낼 것이다."[76] 하이데거가 짓기와 생각하기가 거주하기에 속한다고 본 이유는 바로 이 때문이다.

그렇다면 "거주하기를 배워야 한다."는 오늘 우리에게 어떤 의미를 던지는가? 답은 어렵지 않다. 공원과 관련된 프로그램을 활성화하면 공원에 오지 않던 사람들이 찾아온다. 반복하면 사람들은 "거주하기를 배우게" 된다. 공원을 만들기 전에 어떻게 만들지 아이들과 워크숍을 한다. 그리고 만든 다음에도 계속 참가하게 하면 아이들은 공원을 지음으로써 "거주하기를 배우게" 된다.

반대로 건축가가 아주 잘 지은 건물이라고 하는데 정작 몇 해가 지나면 사람의 발길이 끊기는 곳이 있다. 대규모로 국고를 지원한 박람회장인데 행사가 끝나고 나면 쓸모없는 건물로 남는다. 이는 생활하는 사람들에게서 '거주하기'를 배우고 생각할 기회를 빼앗아버리는 것과 같다. "무엇을 만들겠다는 생각을 멈추자 사람이 보였다. 좋은 장소는 그곳에 사는 사람의 삶과 생활이 쌓여 형성된다. 그렇기 때문에 공간을 디자인하려면 사람과 그 생활에서 접근해야 한다."[77] 커뮤니티 디자이너 야마자키 료山崎亮의 말은 지음으로써 거주하기를 배운다는 점에서 큰 시사점을 준다. 건축은 본래 고유한 추상적인 공간과 그 안에서 생활하는 구체적인 인간으로 이루어진다. 따라서 집을 짓는 건축가는 숙명적으로 '비거주'를 주장할 수 없게 되어 있다.

안도 다다오의 건축이 가장 독특하게 보이는 것은 건축에 사는 사람이 어떠해야 하며, 어떤 의지로 자신의 공간에서 살아야 하는지, 나아가서 건축과 도시란 모여 사는 인간이 진정한 의미를 파악하고 살아야 하는 장소라고 역설할 때다. 그가 초기에 말한 '게릴라 주거'도 인간이 건축과 도시에서 자신의 존재에 바탕을 두고 분명한 의지로 살아야 한다는 생각이 출발점이었다.

우리는 건축을 어떻게 만들었는가에만 관심을 기울인다. 그러나 건축이 우리의 존재와 생활과 깊은 관련을 맺도록 '왜 그렇게 지어져야 하는지' 건축의 배후에 있는 의지를 물을 때, 건축은 비로소 우리에게 말을 걸고 우리 공동체와 한 몸이 된다. 건축은 우리 신체의 연장이며, 우리의 생활이 벌어지는 둘도 없는 무대이기 때문이다. 거주의 원점을 다시 물음으로써 "거주하기를 배울 수 있다." 그렇기에 하이데거가 말하고자 하는 바는 건축가만의 물음이 아니다. 그것은 이 사회를 살아가는 우리 모두가 생활의 장소를 만들기 위해 진지하게 받아들여야 할 물음이다. "중요한 것은 건축의 배후에 있는 의지가 얼마나 굳은가이다."[78] 하이데거가 말하는 거주의 문제는 결국 '산다는 것'과 '짓는다는 것'이 하나가 되는 방법을 발견하려는 의지를 묻는 것이다.

## 주택 집합에서 주거 집합으로

### 주택, 주거, 거주

집에 대하여 주택, 주거, 거주라는 용어를 참 많이 쓴다. 주택은 일반적으로 '살기 위한 집'이며 빌딩 타입의 한 가지다. '주택'은 '거주'에 관한 것이지만, 이를 담기 위한 바닥과 벽, 천장으로 마련된 물리적인 공간, 물리적 건물 자체를 의미한다. 좁은 의미의 주택은 단독주택, 넓은 의미의 주택은 아파트 등을 포함한다.

'거주'와 '주거'는 글자의 앞뒤가 서로 바뀌어서 혼동을 준다. 그러나 둘을 구별하는 것은 어렵지 않다. '외국인의 국내 거주 문제'라고 하면 외국인이 국내에서 살아가기 위해 필요한 신분, 직업 등을 묻는 것이다. 그런데 '외국인의 국내 주거 문제'라고 하면 외국인이 국내에 살면서 취할 수 있는 주택이 어떻게 마련될 수 있는가를 묻는 것이다. 주거 문제는 어떤 유형과 크기의 주택을 공급해야 하는지 묻는 주택 문제와 유사하지만, 거주 문제는 삶의 조건에 더 비중을 둔다. 주거학회[79]는 있어도 거주학회는 없다. 거주는 훨씬 포괄적인 뜻을 담고 있어서 거주학이라 이름을 붙이기에는 학문의 범위가 감당하기 어렵기 때문일 것이다.

우리말에서 '거주하다'와 '주거하다'는 일정한 곳에 머물러 산다는 뜻이다. 거주는 영어로 'dwelling'[80]이다. 'dwell'이 '-에 살다, 거주하다'이므로, 'dwelling'은 '-에 살기, 거주하기'가 된다. 그러나 일반적으로 '거주'는 총체적인 삶의 문제, 우리가 생존하는 모든 시간을 말한다. 거주는 실존적 토대여서 르 코르뷔지에의 '교통, 노동, 거주, 여가'라는 형태로 분절되지 않는다. 따라서 거주를 주택이나 주거라는 특정한 공간으로 완전히 번역할 수 없다. 하이데거가 말하는 '보넨Wohnen'은 인간 본질에 맞는 삶의 방식을 지칭한 것으로 '거주' '거주하기'로 번역된다.

'주거'는 '살기 위한 공간'을 말하며, 빌딩 타입의 이름이 아니다. 주거란 사람이 거주하는 어떤 장소나 공간이지 건축의 어떤 형식이 아니다. 주거는 이보다 훨씬 넓다. 장소도 주거에 속하고 건축도 주거에 속한다. 주거란 일정한 곳에 자리 잡고 머무르는 삶 또는 살기 위한 공간을 뜻하므로 "주택에 거주한다"고 말한다. 그러나 '주택 = 주거'가 아니다. 우리는 이제까지 주택으로 주거를 대신해왔다. 그런데 주거는 사람이 생활을 영위하는 장소와 그 안에서 이루어지는 생활까지 모두 포함한다. '주거'는 그 안에서 사람이 살아갈 때 생기는 상태로서의 공간이다. 주거 안에서 이루어지는 시간과 공간만이 거주에 대응하는 것이 아니다.

건축가의 입장에서 주택을 짓는 일은 익숙하게 느껴진다. 하지만 그 집에서 생활하게 될 이들의 주거 또는 거주를 어떻게 바라보아야 할 것인가는 어려운 문제다. 문제가 되는 것은 '거주'의 내용과 의미다.[81] 주택, 주거, 거주의 차이는 주택을 준공할 때와 준공 이후의 공간이 다르다는 사실로 알 수 있다. 준공된 주택은 주택으로 보는 주택이며, 준공 이후를 보는 것은 주거로 보는 주택이다. 이 두 경우는 전혀 다른 공간으로 나타난다.

## 바퀴 위에 놓인 방

1955년 《퍼스펙터Prespecta》에 실린 루이스 칸의 짧은 글 「두 개의 주택Two Houses」은 기능주의 건축을 비판하고 건축의 전체성을 회복하려 했다는 점에서 시간이 많이 흘렀지만 오늘날의 건축에 시사하는 바가 매우 크다. "부엌은 거실이기를 원한다. 침실은 그 자체가 작은 집이기를 원한다. 자동차는 바퀴 위에 놓인 방이다. 주택을 이루는 공간들의 본성을 탐구하려면, 그 공간들이 함께 모이기 전에 이론적으로는 거리를 두고 따로 떼어서는 안 된다."[82]

아주 간단한 문장이지만 기본적으로는 근대의 기능주의 건축에 대한 엄중한 비판이 있다. 첫째 "부엌이 거실이 되기를 원한다."라는 것은 결코 부엌과 거실을 의인화한 것이 아니다. 그것은 건축을 경직된 기능으로만 이해해서는 안 된다는 것, 인간의 삶은 연속적이며 결코 분해할 수 없는 것을 의미한다. 따라서 부엌은 밥하는 곳이 아니라, 거실이 가지고 있는 공간의 본성도 함께 품은 것이다. 마찬가지로 침실은 잠자는 곳이 아니라 그 자체가 하나의 작은 집으로서 주거의 전체성을 드러내는 장소라는 점을 명료하게 표현한 것이다. 곧 주택이라는 건물을 전제로 한 주택이 아니라 사람의 전체성을 위한 주택이어야 한다는 뜻이다.

그런데 이 문장에서 특히 주목할 것은 "침실은 그 자체로 작은 집이기를 원한다."라는 표현이다. 침실은 잠자는 곳이 아니라 그 자체가 하나의 작은 집이고, 나아가 하나의 전체를 가진 부분이 되어야 한다는 뜻이다. 이것이야말로 '부분의 건축'이다. 전체를 정해놓고 부분을 생각하는 것이 아니라, 부분과 부분의 관계를 생각하며 전체를 이끌어낸다는 것이다. 그러나 이에는 조건이 있다. 그 부분이 하나의 작은 전체라는 조건이다. 부분의 질서가 전체를 담고 있다는 뜻인데, 이는 부분이 또 다른 부분과 계속 이어지는 행위를 이미 그 안에 포함하고 있다는 뜻이다.

"자동차는 바퀴 위에 놓인 방이다."라는 말은 자동차와 같은 기계의 산물을 인간의 삶을 통해 건축으로 바꾸어보려는 의미다. "주거는 살기 위한 기계"라는 르 코르뷔지에의 말과 비슷해 보이지만 실은 역전되어 있다. 코르뷔지에는 주거를 기계로 치환하나, 루이스 칸은 기계를 주거로 환원하려 한다. 코르뷔지에와 칸의 공간은 같지 않다.

이미 60년가량 지난 말이지만 오늘날 '내 몸 주변'에서 일어나는 '주거 집합'의 관계는 공간과 장소에 자극을 주기 충분하다. 침실이 작은 주택이고 "자동차는 바퀴 위에 놓인 방"이라면, 내가 살고 있는 주택 밖에서 이루어지는 주거의 관계는 곧 '주거 집합'이 된다. 바꾸어 말해 '내 몸 주변'에는 그에 따른 장소가 따로 붙어 다닌다. 따라서 나의 일상은 이러저러한 주거 요소가 집합한 '주거 집합'이다.

어떤 방 안에서 공부하고 일하고 자고 놀고 친구와 이야기하고 누구를 가르치는 등의 일이 중첩되어 일어나므로 방 또한 주거 집합이고 방이 모인 집도 주거 집합이다. 하나하나의 작은 마을도, 서울과 부산이라는 도시도 모두 주거 집합이다.

'방'은 거주를 포함한 부분이므로 '거주' 안에서 '주거'와 '주택'을 생각하려는 태도다. 이러한 발상은 미술관도 방이고 병원도 방이며, 사람이 있고 사람이 사람을 발견하며 사람이 연합할 계기를 얻는 장소는 모두 '방'이다. 길, 길옆의 터전, 공공 공간, 주민 지원 시설, 주차장 등이 모두 '방'이자 주거의 대상이다. 방이나 주택이나 마을이나 도시는 모두 규모만 다를 뿐, 이들을 같은 선상에 두고 주거의 모습을 더욱 다면적으로 파악할 수 있다.

### 내 몸 주변과 주거 집합

근대 초기에는 도시에 사는 사람이 전 세계의 10퍼센트였으나 지금은 50퍼센트를 넘는다. 지금 인구 1,000만 명이 넘는 거대도시는 전 세계에 스무개 이상이나 된다. 거대도시에는 거주가 점차 불가능해지고 있다. 지금의 우리의 주택이 거주를 잃게 된 원인은 어디에 있는가? 도로나 상하수도나 공원 등은 도시의 근간이라며 모두 국가와 지방자치단체가 책임을 진다. 그런데도 이런 인프라가 접속되는 주택은 개인의 소유이고 개인이 책임을 진다. 결국 국가의 주택 공급 시스템이 이런 주택을 만들어낸 것이다.

한국의 대도시에 있는 주거는 두 가지로, 아파트 아니면 단독주택이다. 빌라는 아파트를 줄인 것이고 단독주택을 키운 것이다. 아파트는 탑상형과 판상형 두 타입으로 결정된다. 이런 단독주택과 아파트 중간에는 다른 집합 주거가 없다. 우리 도시의 주거는 '주택 집합'이지 '주거 집합'이 아니다. 독립 주택이든 공동 주택이든 집합하는 방향만 다를 뿐 모두 낱개의 주택이 집합되어 있다. 낱개 주택은 서로 무관심한 단위를 반복하는 주택을 누적시켜 집합한다. 그런데 집합 주택인 아파트뿐 아니라 도시에 있는 주택은 모두 '주택 집합'이다.

주거란 결국 '내 몸 주변'이다. '내 몸 주변'이 있으면 '다른 사람의 몸 주변'도 있다. 이런 주변이 만날 수도, 공유될 수도, 상치될 수도 있으나, 그럼에도 이 관계를 그대로 노출하는 것이 필요하다. 그런데 '내 몸 주변'은 바로 여기에만 있지 않다. 조금 떨어진 곳에도 '내 몸 주변'이 얼마든지 있다. '내 몸 주변'과 '주거 집합'의 관계는 나의 하루를 어디에서 무엇을 하고 보내는가를 살펴보기만 해도 쉽게 이해할 수 있다. 오늘날 도시의 하루는 사적인 생활과 공적인 생활을 일정한 시간에 맞추어 번갈아가고 있다. 주거와 도시, 곧 사람이 사는 주거 공간과 그것을 제외한 다른 도시 공간으로 나뉘어 있는 것이다. 그런데도 사적인 생활과 공적인 생활이 구분되지 않고, 어떤 시간대에는 사적인 공간으로 또 다른 시간대에는 공적인 공간으로 교차한다.

아침 식사는 집에서 한다. 그리고 학교에 와서는 학생 또는 동료 교수와 점심과 저녁 식사를 한다. 하루에 두 번씩 학교 학생 식당에서 식사를 하니 나의 식당은 우리 집에도 있고 학교에도 있는 셈이다. 강의실에서 강의할 때는 그곳이 나의 공적 공간이다. 학교 연구실에서 강의실과 대학원 연구실로 가는 복도는 도시의 길과 같은 공적 공간이다. 집에서 학교로, 학교에서 집으로 이어지는 일련의 일상생활은 이렇게 장소가 바뀌며 사적인 공간과 공적인 공간으로 나뉘어 있다. 단순한 일상생활 안에서는 도시 공간과 주거 공간으로 나뉜다.

우리가 필요로 하는 바가 도시를 만드는 '주거 집합'이라면, 이 범위를 아파트나 주택에만 한정하지 않고, 도시 안에 우리가 사는 모든 주택을 대상으로 '주거 집합'을 생각한다. 주택을 요소로 하는 집합은 '주택 집합'이다.[83] 그러나 주거를 요소로 하는 집합은 '주거 집합'이다. '주거 집합'은 실로 다양하다. 방만이 아니라, 방의 집합인 집은 모두 '주거 집합'이다. '주거 = 주택'이 아니므로 종래 주택이라는 것과 더불어 이와 관련된 다른 시설과의 집합을 함께 다루는 집합이다. '주택'이라 하면 닫혀 있지만, '주거'라고 하면 생활환경 속에서의 주택을 생각한다. 생활환경이란 집과 건축, 도로와 하천 등 모두 포함된 것이다.

이제는 주택을 어떻게 파는가가 아니라 어떻게 사용하는가로 관점을 바꿔 생각해야 한다. 주택을 사는買 소비자가 아니라 주거에서 사는住 생활자로 관점을 바꾼다. 그러려면 개인과 개인이 따로 모인 전체가 아니라, 개인이 다른 개인과 관계를 맺을 수 있는 중간 집단을 생각해야 한다. '주거 집합'에는 동과 가구의 구별이 없다. 여기서 말하는 주거는 그 '주변 환경'에 대한 주거다.

사람은 주택이라는 그릇에서만 사는 것이 아니라 지역이라는 일상생활의 확장된 공간 안에서 다양한 인간관계를 가지고 생활하고 있다는 사실에 주목해야 한다. 한편으로는 공동체인 가족이 파괴된다고 말하지만, 달리 말하면 일생생활이 가족이라는 닫힌 단위를 넘어, 크고 작은 무언가의 중간 집단이 활동하고 있는 장을 도시 안의 공간으로 만들고 있다. 그렇다면 건축은 이러한 공간을 받아들이기 위한 장치로 변화되어야 할지도 모른다.

주거는 주택 안에서 모두 해결되지 않는다. 그런데도 주거의 다양한 활동을 주택으로만 해결하려고 했다. 이제 '주거 집합'이라는 개념을 통하여 주택과 도시 사이에서 일어나는 바를 다시 생각해야 한다. 그때 주택도 아니고 여러 시설도 아닌 새로운 장소, 새로운 시설이 공간으로 구상될 것이다.

3장

# 공동체의 공간

가족과 공동체에 대한 개념이 변화한다는 것은 주거가 평면 형식이 아니라, 주거가 아닌 공간과 주거의 관계를 묻는다는 것을 의미한다.

## 건축과 공동체

### 같은 공간에 감싸인 사람들

건축설계는 사람을 나누고 합하는 일이다. 건축가가 연필을 들고 선을 긋는 것은 사람들의 결합을 조절하는 것이다. 학교라면 학생들을 학급으로 나누고 저학년과 고학년을 스치게 다가가게 하고, 쉬는 시간에 복도에서 다른 반 학생들도 만나게 할 수 있을지 고민하여 학교 공동체를 공간적으로 조절한다. 건축은 인간 공동체에 공간을 준다. 네덜란드 종교철학자 헤라르두스 판 데르 레우 Gerardus van der Leeuw는 이렇게 말했다. "건축가는 거주에 형태를 준다. 그것은 사람이 땅 위에서 하는 가장 원초적인 행위다."[84]

공동체란 무엇인가? 일반적으로는 사람들이 모여 하나의 유기체적 조직을 이루고 목표나 삶을 공유하면서 공존할 때 그 조직을 일컫는다. '커뮤니티'의 어원은 지방자치단체를 뜻하는 '코뮌 commune'이었다. 코뮌은 프랑스 공화국의 가장 낮은 행정 구역이다. 이 말은 12세기에 '공동생활을 함께 나누는 사람들의 작은 모임'을 뜻하는 중세 라틴어 'communia'에 처음 나타났다. 공동체란 상당히 긴 시간에 걸쳐서 그 장소에서 생활하고 활동하는 것을 전제로 생긴 사회집단이다. 그리고 이를 위한 공간적인 아이덴티티인 장소가 있다.

중요한 것은 '일정한 장소에서'라는 말이다. 어떤 장소와 어떤 관련을 맺는지가 건축에서 중요하다. 공동체와 장소의 관계를 가장 잘 보여주는 것이 가족과 주택이다. 가족이라는 공동체는 도시라는 커다란 공동체 안에 속하는 하나의 작은 공동체다. 근대 이후 가장 커다란 공동체는 국가였고 가장 작은 공동체는 핵가족이었다. 가족을 두고 국가를 이루는 기초 단위라고 말하는 것은 이 때문이다.

그러나 이것만으로 공동체를 충분히 말했다고 할 수 없다. 나는 나의 공간에 둘러싸여 있고 너는 너의 공간에 둘러싸여 있다. 나와 네가 함께 있으면 같은 공간에 에워싸여 있는 것이다. 더

많은 사람에 대하여도 말할 수 있다. 가족이란 혈연 등의 관계로 똑같은 공간에서 일상생활을 공유하는 사람들의 집단이다. 그런데 일상생활을 공유한다는 것은 일상의 공간을 공유한다는 의미다. 공동체란 같은 관심과 의식으로 환경을 공유하는 사회집단을 말하는데, 환경을 공유한다는 것도 공간을 공유한다는 것이다. 따라서 공간을 공유하는 사람들이 공동체이며, 공동체란 같은 장소와 공간을 공유하는 인간적 관계다.

공동체란 어느 정도 닫힌 결속 관계에서 공동의 규칙을 따라 사는 사람들의 집단을 말한다. 이런 공동체는 인간 집단과 지역에 바탕을 두므로, 지역성과 공통적인 사회적 관념이나 습관, 전통, 상호 귀속이라는 공동 의식을 중요하게 여긴다. 결국 이념적 관계를 벗어날 수가 없다. 근대 이전에는 공간적인 영역을 공유하는 공동체는 같은 지역에 살며 이해를 함께하는 사람들 사이에서 형성되었다. 마을 공동체가 그런 것이다. 이 공동체에 속한 사람은 자급자족의 생산 체계를 생활 기반으로 삼았다. 이런 공동체에 다른 사람이 들어오기란 참으로 힘들어서 자연스레 폐쇄적인 공동체를 이루게 되었다.

이처럼 공동체는 자신의 거주 공간을 물질적으로나 이념적으로 파악하며 모두를 연결하는 하나의 표상 공간으로 만들고자 한다. 공동체는 대체로 이런 방식으로 내부에 일정한 성질을 고정해둔다. 그런데 여기에 문제가 있다. 공동체라고 하면 늘 아름답고 협력하는 화합의 공동체, 지역공동체만을 떠올린다. 그러나 이런 공동체가 우리가 생각하는 공동체의 원형일 수는 없다.

근대에 이르러 공동체의 모습이 사뭇 달라졌다. 산업화는 지리적인 범위를 넓히며 마을 공동체를 해체했다. 그리고 국가라는 광역의 이익 공동체가 새롭게 등장했다. 사회는 가속하여 유동하며, 지역에 기반을 둔 공동체에 속한다는 의식이 크게 희박해졌다. 오래전 상인들은 어떤 장소에서 머물러 살면서 그곳에서 만든 물건을 팔았다. 그런데 19세기 이후에는 프롤레타리아나 부르주아 계급이 더욱 뚜렷하게 나타났고 어떤 일정한 장소에 정착하지 않는 사람이 늘어갔다.

근대에는 새로운 공동체에 맞는 건축과 도시 공간이 제안되어야 했다. 르 코르뷔지에는 이탈리아 에마Ema에 있는 카르투지오회Carthusians 수도원을 보고 개인과 공동체에 대한 중요한 체험을 했다. 개인적으로 기도하고 수도하는 침묵의 생활과, 다른 한편에는 공동생활이 전개되는 수도원은 그에게 개인이 어떻게 살아야 하며 공동체를 이루어야 하는지에 대한 문제의 해결책이 되었다. 그는 근대의 건축과 도시 안에서 구현되어야 할 새로운 공동체를 구상했다. 독립적인 생활을 하면서도 동시에 분명한 공동생활을 하는 수도자의 모습은 근대인이 살아야 할 공동체의 근거가 된 것이다. 그가 제안한 '300만 명을 위한 현대 도시'의 집합 주택에서는 가족 하나가 주택 하나로 편입되는 방식을 보여주었다. 가족이라는 공동체가 이보다 더 큰 주동柱棟이라는 공동체가 되고, 주동은 그보다 더 큰 주구住區나 도시라는 공동체의 요소가 된다.

여기서 가족 공동체는 더 큰 여러 공동체의 연쇄 관계 속에 있고, 커다란 도시 공동체 안에 속하는 작은 공동체다. 근대사회 이후 가장 커다란 공동체는 국가였고, 가장 작은 공동체는 핵가족이었다. 가족은 국가를 이루는 기초 단위였다. 공公과 사私의 관계를 공동체 안에서 해석하고, 새로운 도시 생활에 적용하고자 했던 코르뷔지에의 착상은 다른 건축가가 갖지 못한 생각이었다. 그런 생각이 지금 우리가 사는 도시를 가득 메우고 있다.

무엇을 근거로 건축을 해나갈 것인가? 답은 간단하지 않다. 그럼에도 유력한 답을 하나 내린다면 공동체에 관한 것이다. 건축물은 그 공동체를 어떻게 담을 것인가를 진지하게 물어야 한다. 공동체의 아이덴티티는 기억의 장치 속에 있기 때문이다. 그런데 공동체가 이런 답처럼 고정되어 있으면 문제가 될 것도 없다. 지금의 젊은 세대는 매우 유동적인 사회에서 태어났고 배웠고 살아가고 있다.

사람은 누구나 공간에 감싸여 산다. 나도 공간에 감싸여 살고 너도 공간에 감싸여 산다. 나와 네가 같이 있다는 것은 같은 공간에 둘러싸여 있다는 말이다. 가족이란 혈연적 관계이지만 공간을 함께할 때 비로소 완성된다. 그런데 사람은 혼자서 살 수 없으니 반드시 집단을 이루며 산다. 이 집단의 존재 방식이 공동체다. 사람들의 집단은 그것에 대응하는 공간적인 방식을 반드시 지니고 있다.

앞에서 "공간은 사회적이며, 사회는 공간적이다."라고 말했는데, 이는 사람들의 집합 방식이 공간적 배열을 수반하며, 반대로 공간적 배열은 사람들이 어떻게 모여야 하는지를 이야기해준다는 의미다. 방이란 근본적으로 나를 중심으로 닫혀 있고 나를 확립해주는 최소의 덩어리다. 주거란 이러한 방과 방이 모인 것이다. 방과 방이 모여 가족이 함께 산다. 주거와 주거가 모여 마을을 이루고 마을 공동체를 이룬다. 또 이러한 마을이 모여 더 큰 도시를 이루고 더 큰 공동체를 이룬다.

"파리의 지붕 밑Sous les Toits de Paris"이라는 말이 있다. 1930년대에 만들어진 영화 제목이기도 한데 파리의 다락방도 실은 파리라는 도시의 지붕 아래 함께 있다는 말이다. "한 지붕 밑에서 산다"라는 말은 우리가 가족으로, 친지로, 공동체로 이어지며 산다는 표현이다. 중국의 푸젠성에 있는 푸젠토루福建土楼는 방어를 위해 성채처럼 견고하게 흙으로 외벽을 만들어 원형이나 사각형 지붕을 얹은 집합 주택이다. 한 토루에 800명까지 수용할 수 있다고 하니, "한 지붕 세 가족"이 아니라, "한 지붕 200가족"이 사는 셈이다. 이 주거에서 마당은 모든 가족이 빨래를 널 수 있는 가장 공적인 장소다. 토루는 주택으로만 이루어진 정말 작은 도시라 할 만한데, 이 건물에 사는 사람들은 커다란 한 가족이며 이웃사촌이며 우리 동네다. 이것이 우리의 아파트와 크게 다른 이유는 공동체를 형성하는 방식이 다르기 때문이다.

주택에는 정원이 있고 동네에는 코트가 있으며 도시에는 광장이 있다. 이 정원과 코트와 광장은 다르다. 광장은 모든 사람이 나올 수 있으므로 가장 공적이다. 그다음이 코트이고, 그것보다는 정원이 덜 공적이다. 루이스 칸은 정원과 코트와 광장의 차이를 이렇게 구별하여 말한 적이 있다. "정원은 사람을 초대하는 장소가 아니다. 그것은 생활의 표현에 속하는 장소다. 코트는 그것과 다르다. 코트는 아이의 장소다. 그것은 이미 사람을 초대하는 장소다. 나는 코트를 '외부-내부공간outside-inside space'이라 부르고 싶다. 사람이 어디로 갈지 선택할 수 있다고 느끼는 장소다. 한편 광장을 코트처럼 정의하자면, 그것은 보다 비개인적인 어른의 장소라고 할 수 있다."[85] 정원과 코트와 광장이 이렇게 다르듯이 공동체에 속한 사람은 하나로 정의할 수 없으며 '정원의 공동체' '코트의 공동체' '광장의 공동체'도 따로 성립될 것이다.

## 공동체 여러 개

모여서 만드는 사람의 모임을 말할 때 가장 먼저 사용하는 말은 '공동체'다. 우리는 공동체라고 하면 자동적으로 오래된 마을에 모여 살던 옛사람들의 삶을 떠올리지만, 그 공동체는 오늘날 우리의 공동체가 아니다. 모여 사는 것만으로 공동체가 되는 것이 아니고, 모여 사는 데에는 공통의 규범이 있으며 지역과 시대에 따라 사는 방식이 다르니 공동체에 대한 인식도 달라져야 한다는 입장을 배우는 것이 먼저다.

과거 전통 사회에서는 지금보다 가치 기준이 뚜렷하게 드러났다. 나와 남 사이에 뚜렷한 경계선이 있었기 때문이다. 내가 살고 있는 세상이 있고 나와는 아무 상관도 없이 돌아가는 세상이 따로 있었다. 내가 확신하지 않아도 내가 속한 공동체의 방향과 가치를 따르면 그것으로 족했다.

그러나 전통적인 가치 기준은 크게 변했다. 기회가 많아진 세상에서 개인의 가치가 더 중요해졌다. 내가 사는 세상과 나와 무관한 세상이 따로 있지 않고 자꾸 연관 지어지고 있다. 가부장의 권위는 줄어들고 부모와 자녀의 소통은 멀어지고 있다. 공동체란 어떤 규칙과 규율을 가지고 있어서, 예전에는 "해서는 안 된다"로 집단을 규정해왔으나, 개인에게 맡겨진 사회에서는 각자가 "해야 한다"로 바뀌어버렸다.

근대는 이전 사회와는 달리 강제적이지 않은 자유롭고 새로운 공동체를 만들기 위해 많은 제안을 해왔다. 근대의 공동체는 일정한 지역이나 종교에 근거한 공동체가 아니었다. 생산 시스템을 공유하는 사람들 사이의 약속으로 이루어진 인위적인 공동체였다. 개실이라는 개인 공간은 동심원을 이루며 여러 공동체로 확장되었다. 이때 근린주구近隣住區가 공동체의 기본 단위가 되었다. 이 시대에 새롭게 나타난 시설은 이러한 공동체를 유지하기 위한 일반적인 경우였다.

아파트를 집합 주택이라고 하면 주택이 집합한 것이다. 따라서 집합의 방식에 따라 집합하는 공동체의 성질에 따라 설계가 달라진다. 또 대학교 기숙사도 집합 주택이고 수도원도 집합 주택이며 심지어는 교도소도 일종의 집합 주택이므로 집합 주택의 '집합'은 곧 공동체에 대한 물음이기도 하다. 이것보다 조금 느슨한 것이 기숙사다. 대학교 기숙사라고 하여도 학생들이 그 안에서 어떻게 모이고 나뉘는가를 면밀히 살피면 새로운 기숙사를 만들어 낼 수 있다. 학생들이 마치 같은 주택에 사는 것처럼 그들이 모이는 거실, 그들이 모이는 식당, 그들이 모이는 현관처럼 만들어 은연중에라도 그들이 한 가족과 같다는 감각을 줄 수 있다. 건축이 공동체를 바탕으로 만들어져야 하는 이유다.

공동체라고 하니 주택이나 주거 단지에만 이런 논의가 필요할 것이라고 보기 쉽다. 그러나 학교 건축에서도 공동체에 대한 새로운 생각이 필요하다. 일정 수의 학생을 정원으로 몇 반을 반복하여 한 학년을 이루고, 한 학년의 여섯 배를 하면 한 개의 초등학교가 된다. 한 반의 크기와 형태는 집합 주택의 가족과 같이 구성되어 있다. 가족을 똑같이 여겨 만들어진 주택처럼 교실의 크기와 형상도 똑같이 반복하게 되어 있다. 반과 반 사이는 아무런 연결 관계도 없고, 복도는 방을 연결하는 통로에 지나지 않는다. 균질한 주거 환경은 집합 주택에서만 나타나는 것이 아니라, 학교 건축에도 그대로 적용되고 있다. 이것은 학교 건축의 공간과 형태가 덜 아름답고 더 아름답고의 문제가 아니다. 오히려 반을 구성하는 사람이 모인 공동체의 문제다. 이 공동체는 다음의 더 큰 공동체로 이어진다.

도시는 균질해지고 있다. 어디를 가도 똑같은 풍경이 전개되고, 어떤 장소를 가도 그곳만의 고유한 성격을 상실하고 있다. 이웃에 누가 사는지 관심이 없고, 그 지역의 중심인물도 중심적 가치관도 존재하지 않는다. 모두가 비슷한 중산층이며 모두 평등하다. 그들이 사는 공간도 그들이 살아가는 시간도 평등하다. 비슷한 경제 수준의 가족은 비슷한 집을 소유하고, 이러한 집의 집합에 맞는 상업 시설이 그 주변을 따른다. 이런 도시 풍경은 우리가 사는 사회의 제도나 생산 및 소유 방식과 연결된다.

오늘의 도시에서는 지역사회라는 실제 공간이 사라져버렸다. 근대건축이 만든 주택과 그것을 전제로 한 가족 공동체만으로 이루어진 집합 주택을 그대로 사용하면서, 결과적으로는 균질한 주택단지를 만들어냈다. 따라서 오늘날 균질한 주거 환경이 비판을 받는 이유는 건물 형태 때문이 아니라, 가족을 기본으로 한 근대적인 주거 시스템이 여전히 지속되고 있기 때문이다. 이렇게 보면 지금의 공동체는 함께 살고 있다는 공동체의 감각이 상실되어 있다. 이러한 공동체의 특징은 그 바깥쪽, 곧 외부를 갖고 있지 않다는 점이다. 인터넷의 '커뮤니티'가 회원이 아닌 사람을 배제하듯이, 이러한 공동체에는 외부라는 사회가 없다.

그렇지만 본래 주택은 닫히려고 하고 도시는 열려 있는 상태다. 옛날 주택들은 비교적 닫힌 마을을 상대로 적당히 열리고 적당히 닫혀 있었다. 이것을 이상적인 주택으로 보고 오늘날의 주택은 왜 도시와 이웃에 대하여 지나치게 닫혀 있냐고 비판하는 것은 충분하지 못하다. 도시가 너무 지나칠 정도로 열려 있기 때문이다. 그러한 도시 속에 사적인 요소가 강화된, 본래 닫혀 있는 주택이 들어앉으려니 더욱 닫힌 주택이 된 것이다.

집합 주택으로 이루어진 공동체를 지나치게 강조하는 것은 어색한 일이다. 아무리 훌륭한 마을이나 지역의 공동체라도 시작할 때부터 서로 잘 알고 지낸 것은 아니지 않은가. 그런 마을도 시간이 지나면서 사람이 많이 바뀌었을 것이며, 어느덧 공동체의 감각을 갖게 되었을 것이다. 그렇다면 오늘 우리가 짓는 집합 주택에 대해서도 지어지고 분양을 받자마자 공동체가 되어야 한다고 생각할 필요는 없다. 오늘날의 조건 안에서 다른 모습의 공동체가 생겨나는 것이 아니겠는가.

학급도 공동체다. 학급 단위의 작은 공동체가 다른 공동체와 공동 작업을 할 수 있는 공간이 마련되어 있고, 이러한 학교시설을 인근 시민이 사용할 수 있으며, 나아가서는 학교의 외부 공간을 시민에게 열어두어 커다란 공원과 같은 이미지의 시설이 된다고 생각해보자. 이런 학교는 서로 다른 크기의 공동체에 대응하면서도 자기의 고유한 공동체 감각을 잃지 않을 뿐 아니라, 오히려 자기의 장소를 발견하게 될 것이다. 이렇게 학교 학생에게만 한정된 닫힌 공동체가 아니라, 외부에 대하여 무언가 교환하는 공동체의 모습을 그리면, 그것에 대응하는 새로운 지역사회의 공간이 나타난다.

## 공동체를 의심한다

### 희생하여 성립하는 공동체

집합 주택을 계획할 때 공동체의 회복이라는 말이 많이 나온다. 오늘날 현대 주거는 '공동체'를 잃고 있으므로, 과거의 마을에 있던 길을 회복함으로써 고유한 공동체 정신을 되살려야 한다는 것이다. 이런 계획에서는 어김없이 집들을 복도와 다리로 연결하며, 동구 밖을 연상시키는 커다란 나무를 공동 마당에 심는다.

지자체가 공공 건물을 지을 때 '시민'과 '주민'에게 열린 공간을 제공하겠다는 슬로건을 내세우는 경우가 많다. 하지만 프로그램을 그럴듯하게 치장하기 위한 것이며, 진정성을 가지고 시민을 생각한 것이 아니다. 지역 공동체를 많이 고려하는 듯 보이지만 정작 시민과 주민의 현실과 생활을 구체적으로 들여다보지 않는다. 공공 건물이 공동체와 무관하게 되는 이유가 여기에 있다.

1945년 발터 그로피우스Walter Gropius가 『공동체의 재건

Rebuilding Our Communities』을 발표했을 때, 그는 "재건"이라는 말로 공동체를 새삼 강조했다.[86] 훌륭한 공동체가 과거에는 있었으나 오늘에 와서는 붕괴되었다고 믿었기 때문이다. 따라서 현대 도시에 길을 재생하여 잃어버린 공동체를 되살리자는 주장은 새로운 것이 아니라, 그로피우스가 말한 "공동체의 재건"을 현대의 우리 사회에 되풀이한 것이다.

공동체는 왜 회복되어야 하는가? 공동체를 잃어버린 배경은 무엇이었을까? 공동체가 회복된다면 오늘의 건축은 과연 좋아질까? 그렇다면 그 근거는 무엇인가? 현대의 도시 사회는 과거의 농촌 사회가 아니며, 길과 복도로 다양하게 연결한다고 해서 농경 사회에나 가능했던 공동체가 회복될 수 있는 것도 아니다. 그렇다면 이런 계획에서 주장하는 회복해야 할 공동체는 오늘날 유효하지 않은 환상일 가능성이 많다. 사회가 바뀌었는데도 공동체를 변하지 않는 규범처럼 받아들여야 하는 것은 아니다.

무엇을 희생하여야 성립하는 공동체에 대해서는 의문을 가져야 한다. 공동체 중에는 조직폭력배도 있고 사이비 신흥 종교도 있다. 이런 공동체는 무언가를 절대시하고 무언가를 희생하여 성립한다. 또한 닫힌 체계 안에서 동일성을 강화하고 유지하고자 한다. 우리는 건축을 배우면서 이렇게 자신의 규칙에만 얽혀 있는 닫힌 공동체를 만드는 건축을 자주 만난다. 건축과 도시를 경신하는 근거를 공동체에서 찾으려면 내가 당연하다고 여기는 공동체가 과연 옳은지 물어야 하는 것이 건축가의 기본적인 자세다.

흔히 광고는 다양한 현대사회를 가장 잘 반영한다고 생각한다. 하지만 실은 그렇지 않다. 광고는 단 하나의 논리만으로 제품이 지니는 특성을 최대한 부각하기 위해 존재한다. 표면적으로는 다양하고 차별되는 모습을 보여주는 것 같지만, 등장하는 모든 이미지는 제품의 내부에만 집중되어 있다. 어쩌면 닫힌 공동체의 모습이 잘 드러나는 것은 '광고'일지도 모른다.

건축에서 당연하게 받아들이는 공동체는 농경 사회의 공동체를 바탕으로 한다. 농경 사회의 마을은 땅과 건물을 공동체를 유지하기 위해 필수적인 것으로 인식한다. 그 결과 내부는 닫혀 있고 외부는 열려 있는 것, 내부는 질서에 따라 조직되어 있으나 외부는 아직 조직되어 있지 못한 것으로 분할한다. 농경 사회에서는 모든 소득이 자연을 이용해 얻어진다고 여기므로, 신비한 힘으로 자신의 안녕과 풍요를 기원한다. 따라서 자신이 속한 공동체와 무관한 다른 공동체와 교통할 필요를 느끼지 않고, 자신의 내면세계를 유일한 가치로 여기며 상징과 시의 세계를 만들어낸다.

이런 공동체는 개인과 개인을 연결하는 고정된 표상 공간이다. 이러한 목적으로 공동체를 유지하는 일반적인 방식은 내부에 절대자를 불러들이거나 내부의 누군가를 공여물供與物 또는 공희供犧로 바침으로써 문제를 해소한다. 내부에 절대자를 불러들이는 방법으로는 풍요를 약속해주는 제사를 올린다. 제사에는 반드시 제물이 따르는데, 나의 일부라 상징되는 동물이나 사람을 내어놓아 문제를 희석하자는 것이다. 그런 까닭에 풍요를 기원하는 제사는 공동체의 내부를 강화하기 위한 좋은 수단으로 사용되었다.

공동체를 유지하기 위한 두 가지 방법은 그대로 건축에 적용된다. 공동체의 내부를 풍요롭게 하려고 절대자를 불러들인다는 것은 오래된 사회적 관념이나 습관, 전통, 상호 귀속이라는 공동 의식과 같은 것으로 건축물을 세우는 방법과 같다. 그리고 공여물은 다름 아닌 '공유 공간共有空間'과 같다. 공유 공간은 그 속을 보면 도로나 공공 시설 등 사회적 영역공적 공간과, 개실이라는 개인 생활 영역사적 공간 사이에 조금씩 떼어 만든 것이다. 사람들이 모여 사는 이상, 그곳에 집합한 생활을 유지하기 위해서는 구체적으로 복도, 계단, 접근로, 집회장, 주차장과 같은 공용 공간이 근린 관계를 활성화하는 데 필수적이다. 함께 살기 위해서는 자신이 가지고 있는 공간 일부를 '공여'해야 하기 때문이다.

공공이 제공해야 할 상하수도, 가스, 전기 등의 서비스를 실제로 집합 주택의 주민이 부담하고 있으며, 집합 주택이 독립주택보다 서비스가 못하다는 연구가 있다.[87] 단지 내의 공원은 엄밀한 의미에서는 공공이 제공해야 할 녹지 중 일부인데도, 공원 설치 비용을 입주자가 부담한다는 것은 공공 공간으로 공公의 역할을 개인에게 부담시키는 행위다. 한편 이 공유 공간이 근린 관계를 활성화한다는 연구는 이론적으로 잘못되었으며, 오히려 계단이나 복도를 개입할수록 개체 간 결합 관계는 떨어진다. 반대로 공公적 공간의 접점을 증가시킬수록 동선은 더욱 증가한다.

주거의 공동체적 사고는 도시로 이어진다. "주거는 도시이고 도시는 주거이다."라는 생각이 그러하다. 주택이 거실 중심형으로 이루어져 왔다면, 도시는 광장 중심형으로 이루어져 왔다. 광장 주변을 상점이 둘러싸듯이, 거실이라는 공의 영역은 개실이라는 사私의 영역으로 둘러싸인다. 거실에서 가족이 단란함을 이루듯이, 도시인은 광장에 모여 쉬고 다른 이와 교류한다. 근대 도시 공동체의 중심인 광장이 1951년에 열린 제8회 근대건축국제회의 CIAM에서 '도시의 핵'이라는 주제로 정식화된 것도 이러한 공동체적 건축을 도시화하기 위함이었다. 닫힌 커뮤니티라는 말로 정당화된 근대 이후의 건축과 도시 이론은 비판받아야 한다.

### 타자의 공동체

이전에는 공동체의 근거를 고정된 장소에 두었다. 공동체는 장소를 소중하게 기억하곤 했다. 그러나 오늘날 도시에서 공동체와 장소는 1대 1로 대응하지 못한다. 주택을 팔고 이사하여 시세 차이로 이익을 크게 얻는 것이 중요한 사회에서는, 지역에 근거한 주택의 의미는 크지 않다. 현대 도시에서 자식과 손주가 같은 집, 같은 동네에서 살 확률은 아주 낮다.

옛날 도시 사람들은 일정한 장소에서 살았다. 100년, 200년 동안 변함없이 상인은 여기 살고, 물건 제작자는 저기에 살도록 정해져 있었다. 그러나 19세기 이후 프롤레타리아와 부르주아가 더 뚜렷하게 나타났다. 일정한 장소에 정착하지 않고 사는 사람들이 도시에 크게 늘었다. 상업도 200년 사이에 크게 변했다. 백화점이 생겼고, 다음에는 쇼핑센터가 대세를 이루었다. 이제는 동네 깊은 곳까지 편의점이 광범위하게 분포하고 있다. 상업 시설의 변화는 도시가 흐름과 이동의 집결체가 되었음을 보여준다.

도시가 주택의 기능을 분산시킨다는 사실이 오늘날 공동체가 건축적인 측면에서 흔들리는 또 다른 이유다. 주택의 거실에 해당하는 영역은 도시에 얼마든지 있으며, 주택의 식당에 해당하는 부분도 도시에 산재해 있다. 매일같이 24시간 편의점에서 먹을 것을 사오는 사람에게 이 편의점은 주택의 일부이다. 따라서 이런 생각을 확장해가면 부엌이 없는 주택, 화장실이 없는 주택도 현실적으로 가능하다. 또한 24시간 편의점은 내가 사는 주택의 식당이고 거실이며, 그 편의점에 이르는 동네 길이 복도가 된다는 생각은 새로운 주택을 사고하는 방식이 될 수 있을 것이다. 이렇게 하여 주택은 당연히 거실과 부엌과 현관 등으로 이루어진 것이라는 닫힌 공동체적 사고에서 벗어날 수 있다.

이제 현대건축의 논의에서는 수많은 타자가 필요하다. 이때 공동체의 개념을 넘기 위한 가장 대표적인 타자는 도시다. 일반적으로 도시란 땅 위에 수많은 건물이 지어지고 그 안에 사람들이 모여 살면서 만들어진다. 이러한 도시는 다른 사람과 땅을 나누고 건물을 나눈다고 보기에 기본적으로 공유라는 개념에 바탕을 둔다. 그러나 타자를 매개하는 장으로 도시를 보면 사정은 달라진다. 타자를 매개하는 도시에서는 탈공동체적인 교통이 먼저 존재하며, 토지나 이웃의 관계는 그다음에 생긴 것으로 본다. 이와 같은 도시의 타자성은 도시에서 통용되는 화폐의 성질을 보면 잘 알 수 있다. 화폐란 공동체 내부에서만 통용되어서는 아무런 의미가 없다. 화폐란 일정한 교환 비율을 가지고 다른 공동체로 넘어갈 때 비로소 가치가 생기는 법이다.

도시란 특정한 규범이나 형식으로 만들어지는 것이 아니라, 사회의 다른 영역에 대한 불특정한 타자를 위해 열려 있는 장이다. 따라서 도시 안에 있는 사람들의 집합체에는 공동체의 규칙을 따르지 않는 타자가 언제나 개입하게 되어 있다. 그리고 농경사회와는 달리 타자와 교환되는 익명적 관계에 기초를 두게 된다. 그 결과 이런 도시 개념에서는 동일성을 유지하기 위한 닫힌 공동체가 아니라, 불특정 다수 사이에서 열린 장을 지향하게 된다.

그렇다면 오늘날 공동체는 사라진 것일까? 그렇지 않다. 공동체가 사라지는 것이 아니라 새로운 공동체가 생겨나고 있다. 공동체가 이런 정의처럼 고정되어 있으면 문제될 것도 없다. 그렇다면 공동체를 완전히 바꿀 수 있는 다른 것이 있는가 하면 그렇지도 않다. 아이덴티티를 가진 장소는 사라지지만 새로 생겨나기도 한다. 지금 우리에게 관심의 대상, 탐구의 대상이 되는 것은 바로 이렇게 새롭게 출현하는 장소에 대한 생각이다.

공동체를 여전히 잘 간직하고 있는 곳은 대학 캠퍼스다. 가르치고 배우고 연구하는 장소가 자신의 아이덴티티와 일치하는 곳이다. 대학의 구성원은 공동체의 감각을 가지고 산다. 미국 실리콘밸리 연구소와 회사는 테마파크가 아니라 오피스 파크다. 유연한 출퇴근 시간으로 어느 정도의 자유를 얻은 근로자는 원할 때 일하고, 사무실 근처에서 운동하다가 다시 돌아가 일해도 좋다. 그러나 그런 사람들에게도 나름대로의 토포스가 있고 다른 의미의 공동체가 인식된다. 이것은 새로운 장소이며, 새로운 장소는 새로운 공동체에 대한 인식을 통해 얻어진다. 따라서 새로운 장소는 공동체에 대한 새로운 관점 없이는 만들어지지 않는다.

그렇지만 근대의 공동체가 붕괴되었다고 해서 개인이 분자처럼 분해되는 것은 아니었다. 공동사회를 뜻하는 게마인샤프트 gemeinschaft와 이익사회를 뜻하는 게젤샤프트gesellschaft에서 네트워크라는 공동성의 상태로 분해가 되었다. 가족 공동체는 사회의 기본 단위이지만 지금은 그 가족의 모습도 확고하지 않다. 고령자 사회나 개인의 독립체도 모두 공동체와 관련된 과제다. 고정된 공동체가 아니라 변화하는 공동체, 새로운 공동체를 전제로 할 때, 건축의 모습도 완전히 달라진다.

건축은 무언가의 집단을 대상으로 한다. 이 집단의 문제는 다시 '공동체'에 대한 문제로 이어진다. 공동체가 변한다고 공동체가 완전히 사라지고 인간의 집단이 사라지는 것은 아니다. 예전의 공동체를 결정하는 조건이 변화한다는 사실을 아는 것이 중요하지, 공동체에 의문을 던진다고 인간의 집단이 아무런 의미가 없다고 보아서는 안 된다. 공동체가 변하고 붕괴되어 간다고 해서 그것이 곧 개인화를 말하지는 않는다.

노마드도 그 자체로 하나의 공동체다. 신체로 말하자면 예전의 공동체는 하나의 견고한 전체, 하나의 든든한 신체였다. 그러나 노마드에는 작지만 수많은 신체가 있고 일반해로 설명할 수 없는 고유한 공간이 있다. 가족이 붕괴하여 개체로 분해해가면 거실 없는 주택을 만들게 될 것이다. 그런데 개체로 분해되어 갈수록 노스탤지어가 반대로 떠오르는 것은, 아무리 따로 떨어져도 공동체는 늘 무언가의 집합 상태에 있음을 의미한다.

### 변화하는 가족 개념

가족이나 공동체는 사회 안의 건축을 생각하는 데 주요한 개념이다. 주택을 설계하며 가족을 생각하고, 주거 단지를 설계하며 공동체를 해석하는 것은 당연하다. 그러나 이를 너무 당연하게 여겨 설계할 땐 가족과 공동체는 늘 아름답게 묘사된다. 그렇지만 가족이라고 해서 늘 행복하고 단란하며 아름다운 식당에서 화목하게 식사하지 않는 것처럼, 가족과 공동체의 개념은 고정적이지 않으며 개념과 현실 사이에는 차이가 있다.

사적 영역의 닫힌 관계성을 대표하는 것은 가족이다. 가족은 이익 추구를 목적으로 하지 않지만, 그 대신 부부는 서로가 서로에게 속하는 계약 관계에 있다. 일반적으로 가족은 부부가 된 남녀가 아이를 낳고, 아이는 부모와 특별한 관계를 성립한다. 건축가는 주택을 설계할 때 화목한 가족을 전제로 한다. 그러나 그것은 가족의 생활이 아닌, 가족의 개념을 설계하는 것이다.

근대 이후 주택 계획은 주로 핵가족의 생활을 담는 그릇을 전제로 만들어졌다. 방 n개와 거실L, 식당D, 부엌K이 조합된 nLDK 주택이 그렇다. 가족 한 사람 한 사람이 자립한 개인으로서 독립된 침실을 확보하면서, 생활의 중심이며 공동의 장인 거실과 식당과 부엌을 두어 가족생활을 도식화한 것이다. 거실 중심의 주거인

nLDK 주택 자체가 근대 핵가족을 대변한다.

그러나 실제로 이렇게 생활하지 않는 경우가 너무 많다. 샘 멘데스Sam Mendes 감독의 1999년 영화 〈아메리칸 뷰티American Beauty〉가 핵가족의 위기를 잘 그려냈듯이, 사회에서 확고한 전제였던 핵가족이라는 가족 형태는 오늘날 크게 흔들리고 있다. 오늘날에는 이러한 핵가족이 아니라, 자기 삶의 방식에 맞는 가족 형태를 적극적으로 선택하는 사람들이 늘어나고 있다. 결혼하고 맞벌이를 하면서도 자식은 갖지 않으려는 딩크족DINK, Doble Income, No Kids, 독신자, 동성애자, 같은 목적으로 모여 사는 사람 등 모습은 여러 가지다. 근대의 가족상은 흔들린 지 오래이며, nLDK 주택은 지속적인 해결이 아니라 한정된 시간 안에 이루어지는 생활의 한 가지 패턴에 지나지 않는다는 점에서도 현대의 가족 공동체에 대응하지 못하고 있다. 부부가 침실을 따로 쓸 수도 있고, 방 하나를 두 아이가 같이 사용할 수도 있다. 따라서 거실, 식당, 부엌에서 이루어지는 가족의 공동체적인 성격이 아니라, 가족 각자의 개별성이 더욱 중요해진다는 사실에 주목할 필요가 있다.

가족은 사회 안에 존재하는 가장 작은 공동체다. 그러나 이제까지 공동체를 자명한 것으로 여긴 것만큼이나, 가족도 자명한 공동체로 생각했다. 곧 근대의 핵가족은 오늘날의 설계에서도 당연한 전제 조건으로 받아들인다. 근대 핵가족의 단란함을 강조하며 주택을 공공 영역과 뚜렷하게 구분된 사적인 영역으로 믿었다. 가족을 공공의 영역에서 벗어난 자명한 내적인 공동체로 인식해왔다. 지금도 여전히 주택에는 가족이라는 사회적인 단위가 산다는 전제 조건을 두고 있다. 근대의 핵가족을 큰 의문 없이 당연히 지금의 주택 설계에도 그대로 적용 가능한 가족 제도라고 생각하거나, 아니면 가족의 문제를 전혀 염두에 두지 않는다.

근대 이후 특히 집합 주택에서 한 가족 한 주택 형식을 당연한 것으로 여기게 되었다. 제1차 세계대전 이후 사회민주주의에 힘입어 독일 등지에 노동자를 위한 주택이 건설되었는데, 이때 급증하는 주택 수요를 충족시키려고 가족 하나에 주택 하나인 단위

주택으로 정착한 것이다. 불특정 다수 핵가족을 단위로 주택을 배열하는 오늘날의 집합 주택은 이처럼 표준화한 노동자 주거 형식에서 시작했다.

건축가 루트비히 힐베르자이머Ludwig Hilberseimer가 1924년 제안한 〈고층 도시Vertical City〉는 건조하고 획일적인 주택을 무한히 반복한다. 모든 주택은 핵가족의 프라이버시라는 관점에서 격리되었다. 이 계획은 한 주택 한 가족 등식을 하나의 시스템만으로 둔 오늘날 집합 주택을 비판할 때 자주 등장하지만, 힐베르자이머는 이런 주택으로 가득 찬 도시를 정말 이상적이라고 여겼다.

현실에는 여러 유형의 가족이 있지만, 주택 하나에 가족 하나가 산다는 통념이 오늘날 그대로 지속되고 있다. 핵가족은 별도의 외부가 필요 없을 정도로 닫혀 있고 잘 충족되어 있다. 그래서 다른 주택과 함께 있어야 할, 다시 말해 집합할 근거, 모여 사는 이유, 곧 공동체를 이루어야 할 이유가 없다. 그렇다 보니 오늘의 집합 주택에는 주민 공동체를 위한 장소가 필요하지 않다.

오늘날 가족은 직접 바깥 사회에 접하고 있다. 집합 주택이라는 빌딩 타입은 사회적인 요구로 만들어진다. 오히려 이런 빌딩 타입이 있기에 가족이 집합되고 있다고 해야 할 것이다.

이제 사회를 이루는 가족, 가족을 이루는 개인이라는 기존의 공동체 개념으로는 주택의 의미를 새롭게 바꿀 수 없다. 왜냐하면 가족이란 아버지와 어머니, 할머니와 손자가 단순 집합한 것이 아니며, 모자 가정, 동성애 가족, 독신자, 심지어는 동거인으로 구성된 가족 등 여러 모습이 가족으로 존재할 수 있기 때문이다. 가족이라는 공동체의 특성을 묻지 않고 거실과 침실, 현관과 정원을 조합하면 주택이 만들어진다는 생각은 지속될 수 없다. 근대 주거 또는 가족 개념에 대한 비판은 공과 사, 내부와 외부라는 이분법에 대한 비판이기도 하다. 가족과 공동체에 대한 개념이 변화한다는 것은 주거가 평면 형식이 아니라, 주거가 아닌 공간과 주거의 관계를 묻는다는 것을 의미한다.



가족이라는 개념과 달리, 더욱 현실적인 가족과의 관계, 가족과 떨어져 있는 개인과 개인의 관계가 더욱 구체적이다. 틀에 박힌 가족 개념이 아니라 구체적인 공동체가 살아가는 모습을 생생하게 기술할 때 비로소 찾아내야 할 공동의 장을 설계할 수 있다. 따라서 하나의 주택에 하나의 가족이 있다는 생각을 의심하면 다양한 주택을 생각할 수 있다. 예를 들어 집합 주택에는 고령자도 살고, 어린아이도 살며, 집에서 일하는 경우도 많다. 그렇게 되면 집합 주택은 하나의 가족에 해당하는 주택을 누적한 결과가 아니라, 고령자를 위한 돌봄 시스템, 어린아이를 위한 유치원 시설, 또는 사무소 등이 혼합된 넓은 의미의 주거와 생활 지원 시설과 오피스가 함께하는 도시의 생활공간을 만들 수 있다.

원룸 주택에는 대체로 독신자가 산다. 이 주택은 지역 커뮤니티에 의존하지 않고, 전기, 전화라는 통상적인 인프라만이 아니라, 역까지의 교통 편리성, 편의점의 근접성, 인터넷 등의 도시 인프라에 의존한다. 이러한 주택 형식으로는 회사나 학교의 기숙사가 있으나, 기숙사는 거주자 사이에 일정한 연결이 있다는 점에서 원룸 주택과 다르다. 이 주택 형식은 결혼 연령이 늦어지고 이혼율이 높아지며 독신자의 비율이 높아지는 현상에서 비롯한다.

1960년대에 아키그램이 제시한 캡슐형 주택처럼, 이런 주택은 가족이 아니라 개인이 대상이다. 이 주택은 도시 인프라에 너무 의존하며 완전히 단편화한 생활을 대표한다. 주택에서 방이 기능 단위가 아닌 개인 단위로 성립한다는 점에서 중요한 의미를 띤다.

이전에는 개인이 가족을 통하여 사회에 이어졌다. 그러나 오늘은 개인이 가족을 통하지 않고 사회에 직접 연결된다. '개인-가족-사회'가 '개인-사회'로 변하고 있다. 원룸 주택의 증가는 주택이 가족을 거치지 않고 개인의 사회적인 네트워크에 의존하고 있음을 방증한다. 주거가 장소에 기반을 두는 커뮤니티에 의존하기보다는 도시의 인프라에 의존하고 있다. 개인으로 분화하고 이동이 잦아지며 지역에 근거하지 않는 공동체가 등장한다고 해서 예전의 개념을 기준으로 이를 쉽게 비판할 수는 없다. 앞으로의 주거는 한 가족 한 주택의 형식을 넘어 도시로 확대될 것이다.

## 공적인 것과 사적인 것

### 공적, 사적

네덜란드 건축가 헤르만 헤르츠베르허는 공과 사를 명쾌하게 설명했다. "공public과 사private라는 개념은 공간적인 용어로 '집합적collective'이며 '개인적individual'으로 번역하여 해석될 수 있다. 조금 더 엄격한 의미로 말하자면 '공' 이란 모든 사람이 언제나 접근할 수 있고 그러면서 유지할 책임은 집합적으로 있는 영역이다. 반대로 '사'는 유지의 책임을 지는 작은 그룹이나 한 사람이 접근할 수 있게 정해진 곳이다."[88] 그의 견해대로라면 누가 접근할 수 있는가, 누가 유지의 책임을 지나, 누가 관리를 하나에 따라 '공적인 것'과 '사적인 것'이 정해진다.

그는 또 이렇게도 설명했다. "접근할 수 있는 정도가 어떤지, 감독하는 형식이 어떤지, 누가 그것을 사용하고 유지하며 얼마나 책임을 지는가에 따라 열린 곳, 방이나 공간은 다소 사적인 장소로도 볼 수 있고 공적인 영역으로도 볼 수 있다. 당신이 사용하는 방은 거실이나 부엌에 대해서는 사적이다. 거실과 부엌은 기본적으로 주택에서 사는 사람들이 함께 나누며 유지 관리한다. 그래서 모두 현관의 열쇠를 가지고 있다. 학교에서는 공동 홀에 비하면 교실은 제각기 사적이다. 이 홀은 전체인 학교와 같은 곳이다. 그러나 밖에 있는 도로에 대해서는 사적이다."[89] 그러나 '공적인 것'과 '사적인 것'은 상대적이어서 확실하게 구별되지 못한다. 심지어 주택에서도 거실은 '공적인 것'에 가깝고 개인의 방은 '사적인 것'에 가깝지만, 개인의 방과 화장실을 비교하면 개인의 방은 '공적인 것'에 가깝고 화장실은 '공적인 것'과 '사적인 것'에 가깝다.

내 책상 위에 놓인 컴퓨터는 나의 사적인 물건이지 누구에게 속한 것이 아니다. 내 서가에 꽂힌 책은 나의 사적인 소유물이지 누구와 함께 읽으라고 있는 것이 아니다. 내 집은 사적인 것이지만 내 집을 지을 때 짓고 싶은 대로 짓지는 못한다. 집은 다른 이에게 보이고 영향을 주는 공적인 측면이 있기 때문이다. 건축물이 그저 단순한 물체라면 이런 관계에 놓일 리 없다. 그러나 건축물은 사람의 무수한 활동과 소유 그리고 유지, 나아가 공동체의 여러 조건과 얽혀 있기에 공과 사의 끊임없는 관계 안에 있다. 공동체의 공간은 '공적인 것'과 '사적인 것'의 관계로 해석된다.

나는 학교에 연구실이 있었다. 이 연구실은 나만 사용하지만, 그렇다고 내 것이 아니었다. 연구를 통해 학생을 잘 가르치라고 학교에서 공적으로 내준 곳이다. 같은 장소, 같은 공간이라도 '공적인 것'과 '사적인 것'은 모두 함께 나타난다. 강의실에서 수강하던 학생이 내게 면담하자고 했을 때, 학생과 나누는 면담 내용에 따라 강의실에서 이야기를 나누는 것은 공의 성질이 강하고, 연구실에서 이야기를 나누는 것은 사의 성질이 강하다. 사람의 행위와 내용에 따라 그에 필요한 '공적인 것'과 '사적인 것'의 장소나 공간이 따로 있을 수 있다는 뜻이다. 대학 구성원이 아니면 대학 강의실은 마음대로 들어갈 수 없지만 대학 캠퍼스는 비교적 자유로이 드나들 수 있다. 동일본대지진 때 편의점이 자동 판매와 가설 점포의 방식으로 재해민을 도운 것을 보면 이윤을 추구하는 상업 시설인 편의점도 '공적인 것'이 될 수 있다

'사적인 것'과 '공적인 것'은 공간을 잇기도 하고 끊기도 한다. 사람들은 보호받으려고 벽을 둘러싸지만 친하고 중요한 손님일수록 자기 집의 가장 안쪽까지 맞아들인다. 도시에는 누구나 갈 수 있는 공간이 있으며, 출입이 금지된 사적인 공간도 있고, 어떤 공동체만이 사용하는 공용 공간도 있다. 개인과 집단의 '사적인 것'과 '공적인 것'의 관계는 공간으로 그대로 치환된다.

'공적인 것'과 '사적인 것'의 관계는 문화에 따라 다르다. 북유럽 주택에서 개인의 방은 독립적이며 개인은 그 방 안에 갇혀 있다. 거실이며 식당 등 공적인 방이 있지만 개인의 방이 더 중요하다. 그러나 이탈리아 등 남유럽에서는 개인의 방은 있지만 공통의 중정이나 광장이 중요하며 가족은 그곳에서 하루의 대부분을 보낸다. 한국의 주택은 방도 개인 단위로 나뉘지 않으며 가족 전체를 중심으로 방이 나뉜다. 이처럼 '공적인 것'과 '사적인 것'은 어디

까지나 상대적이므로 프라이버시와 커뮤니티의 관계는 한 가지로 규정되지 않는다.

## 집합적 공간

일자형 식탁에 칸막이를 한 '혼밥' 식당에서는 자판기에서 식권을 사고 앉으면 된다. 좌석마다 주문표와 호출 벨, 가방 걸이가 있다. 둘이서 왔을 때는 칸막이벽을 접으면 된다.[90] 자리에 앉으면 앞에 음식이 나오는 구멍이 있는데 천 가림막이 있다. 점원은 주방에서 가지고 나온 음식을 손님의 얼굴을 볼 필요 없이 테이블에 놓아 준다. 혼밥 식당 전체는 '공'이지만 칸막이벽을 두고 따로따로 앉는 것은 '사'의 성격이 훨씬 강하다. 이는 노래방이나 독서실에서도 마찬가지다.

헤르만 헤르츠베르허는 『헤르만 헤르츠버거의 건축 수업 Lessons for Students in Architecture』에서 '공적인 것'과 '사적인 것'을 설명하려고 하를렘Haarlem 중앙역 한복판에서 남녀가 키스하고 있는 사진을 수록했다.[91] 역 한복판에서 남녀가 키스하고 있는 순간은 잠시뿐이겠으나 중앙역이라는 '공' 안에 '사'가 동시에 나타난다. 이 사진은 '공적인 것'과 '사적인 것'이 함께 있다는 점에서는 혼밥 식당과 같지만 '사'라는 성격이 혼밥 식당에서는 익명적으로 나타났지만 하를렘 역 장면에서는 공개적이다.

근대사회의 특유한 현상은 '공적인 것'과 '사적인 것'의 분리다. 이는 새로운 프라이버시 의식과 함께 나타났다. 근대적인 사무소 건축은 사적인 것이 배제된 공적인 공간을 전제로 하고 있었다. 그런 까닭에 사무용 가구와 주거용 가구는 디자인상 분리되었다. 오늘날 건축물에서 실내 인테리어, 가구 등에 이르기까지 사무용과 가정용의 디자인이 다른 것은 이 때문이다.

도로 위의 자가용은 에어컨과 오디오가 장착되어 있고, 전화로 쉽게 대화할 수 있으며, 내비게이션으로 방향을 지시받는 사적인 개인 공간이다. 현대 대도시에는 캡슐과 같이 쾌적한 환경을 지닌 수많은 자가용 차라는 사적 공간이 도로라는 공공 공간을 차지하며 달리고 있는 셈이다. 도로와 지하철을 따라 한없이 확장하는 오늘의 도시에서는 공적인 공간과 사적인 공간이 결합하며 사적인 내부가 공적인 외부를 점령하고 있다.

사적인 공간이 교환과 교통의 장소인 도로를 점령하며 산다는 것은 기존의 건축과 도시의 경계, 사적인 공간과 공적인 공간의 경계가 급속히 사라지고 있다는 것을 뜻한다. 공유 공간共有空間을 두어 사적 공간과 공적 공간을 위계적으로 연결해주었는데, '공적인 것'과 '사적인 것'의 구분이 모호해지자 그 역할의 의미가 사라지고 있다.

스페인 건축가 마누엘 데 솔라모랄레스Manuel de Solà-Morales는 이미 1992년 건축학술지 《OASE》에 현대 도시 생활의 풍부함, 건축이나 도시 형태의 풍부함이 집합적 공간collective space에 있다고 제안했다. 이 공간은 엄밀하게 말해서 공적이지도 사적이지도 않으나 동시에 공적이며 사적인 공간을 말한다. 또 이렇게도 정의한다. "집합적 공간은 공적이지도 않고 사적이지도 않다. 그러나 집합적 공간은 공공 공간보다 더 공공적이고 동시에 덜 공공적이다."[92] 사적 행위를 위해 사용되는 공공 공간, 집합적인 사용을 가능하게 해주는 사적 공간, 또 이 두 공간 사이에 있는 모든 스펙트럼을 포함한다.

집합적 공간은 사적인 공간에 공적인 것이 개입한 경우와 공적인 공간에 사적인 것이 개입하는 경우인 두 가지가 있다. 가족의 수가 줄어서 남은 방이나 공간을 작은 콘서트홀이나 교실로 만드는 경우가 있다. 또한 주차장 공간을 이웃과 교류하는 생활의 장으로 만드는 경우도 있다. 시설과 주거의 중간적 성격으로 사적인 주택 공간에 공적인 성격을 부가하는 방식이다.

공적 공간인 지하철 안에서 이어폰을 끼고 음악을 들음으로써 가상의 개인 영역이 생긴다. 스마트폰은 공적 공간 안에서 사적인 것을 확보하고 유지하는 경험을 할 수 있게 해준다. 마찬가지로 지하철에서 화장하는 사람도 있다. 공적 공간 안에서 사적인 행위가 동시에 일어나는 경우 중 하나다.

학교의 교실은 수업할 때 목적을 가진 공적인 공간이 된다. 그러나 쉬는 시간에는 짧게나마 각자 또는 삼삼오오 짝을 지어 자연스럽게 하고 싶은 행동을 한다든지, 방과 후에는 개인이나 그룹으로 다른 활동을 선택한다. 같은 공간이지만 학생들의 행위만으로 '공적이지도 않고 사적이지도 않으나 동시에 공적이며 사적인 공간'을 만들어간다. 길에서 일어나는 비일상적인 축제도 수업만 할 것 같은 학교에서 일어나는 학생들의 자유로운 놀이와 기본적으로 같다. 이런 생각이 확장되면 건축물의 로비나 복도를 공적 공간으로 인식할 수 있다.

대형할인매장에서 사람들은 카트를 끌고 이리저리 다니지만, 어떤 물건 앞에서는 멈춰 서서 분명한 목적을 가지고 물건을 잘 살핀다. 마찬가지로 복잡한 도시에서도 혼자 있을 만한 공간과 장소가 많이 마련되는 것이 중요하다. 도시 안의 공공 공간은 단지 많은 사람이 모이는 곳만이 아닌, 무리 지어 움직이는 흐름 안에 내가 혼자 있다는 감각을 잃지 않게 한다. 사람들이 카페라는 장소에 머무는 것도 공적인 공간 안에 있으면서 내가 따로 떨어져 있다는 감각을 동시에 느낄 수 있기 때문이다.

이러한 생각은 단지 개념상의 이야기만은 아니다. 도시와 건축, 공과 사의 재편성이라는 입장에서 기존의 공동체 개념을 경신하는 태도가 적극적으로 나타나고 있다. 건축가 야마모토 리켄山本理顯은 '공립하코다테미래대학公立はこだて未来大学'에서 정보의 네트워크를 사람의 네트워크로 바꾸어 생각했다. 이것은 흔히 정보 시대의 건축을 정보 그 자체로 해석하려는 즉물적인 태도와는 뚜렷하게 구별된다. 단면상 단상段狀을 이루고 있는 '스튜디오'라는 공간은 이전에 많이 나타나던 공유 공간이 아니다.

이 스튜디오 공간은 학생 각자를 위한 정보 단자가 붙은 전용공간이 모인 곳이라는 점에서, 사적인 교실 공간과 공적인 로비 공간 '사이'에 있는 일상적 공간이다. 따라서 여기에서는 일단 '사이'라고 표현하였지만, 그것은 공동체 사이의 전이 공간이나 중간 공간과 같은 기존의 공유 공간이 아니다. 마치 도로라는 '공'의 공간을 자동차라는 '사'의 캡슐이 점유하여 또 다른 목적을 가진 공간으로 바뀌듯이, 이 스튜디오는 "조금 전까지 아무도 없던 장소에서 밀도 짙은 공간으로 한순간에 변화하고 …… 다른 목적을 가진 개인 혹은 집단의 활동으로 항상 새로운 공간을 계속 만드는"[93] 탈공동체의 건축을 제안한 것이다.

**1×10×100**

건물은 부분으로 이루어진다. 부분이 기능적인 관계로 이어지기도 하고 나뉘기도 한다면, 이는 기능적인 관점에서 공간을 만드는 방식이다. 집합 주택을 설계할 때 당연히 주어지는 과제는 몇 세대의 주거 단지를 만드는가이다. 세대 수가 단지 전체의 규모, 삶의 방식 등을 푸는 열쇠가 된다. 그런데 그 세대 수는 핵가족으로 이루어진 일정한 규모이며, 생활 방식이나 공동체를 이루는 방식은 관습적인 것이다. '세대'라는 말에는 이미 정해지고 우리가 잘 아는 기존 공동체의 모습이 들어 있다.

그러나 몇 '세대'의 공간이라 하지 않고 몇 '명'의 공간이라 할 때, 공동체의 문제가 선명하게 드러난다. 가령 '1,000명을 위한 주거' '1,000명을 위한 레스토랑' '1,000명을 위한 학교'라고 부를 때, 그 1,000명을 어떻게 구분하며 어떤 부분을 이루는지를 판단하는 것이 문제를 해결하는 열쇠다. 1,000명이 두 집단으로 나누어 사는지, 10명씩 동호인끼리 모여 사는지, 아니면 모두 따로 떨어져 사는지를 판단해야 한다.

이 단위에 대한 감각으로 공동체에 대한 새로운 관계를 발견하게 한다. 이는 우리 시대에 가능한 공동체의 모습을 다양하게 발견해가는 것이다. '1,000명을 위한 학교'의 구성원은 어느 한 성별로 이루어졌는지, 무엇을 배우려고 온 사람들인지, 한 공간에서 배우면 좋은 사람들인지, 두 사람씩 나누어 배우게 하면 좋은 사람들인지 등을 생각하면, 사람들의 관계를 해석하는 것은 이 사람들이 이루는 공동체의 공간을 배열하는 것이 된다.

"공과 사라는 개념은 공간적인 용어로 '집합적'이며 '개인적'

으로 번역하여 해석될 수 있다."고 한 헤르츠베르허의 말은 과연 무엇이며 실제 설계 작업에 어떤 의미를 주는 것일까?

1,000명을 '1,000×1'로 표현하면 한 사람 한 사람의 '사적인' 가치보다도 1,000명으로 이루어진 '공적인' 전체가 중요하다는 뜻이 된다. 오래전 학교에서 조회할 때를 기억해보라. '1×10×100'로 표현하면 제각기 자신의 가치를 드러내는 열 명 정도의 작은 그룹이 100개쯤 있다는 표현이다. 학교에서 자기가 하고 싶은 공부를 선택한 그룹이 제각기 독특한 주제를 걸고 자기 주도하에 공부하는 모습을 상상해보라. 한 명의 '사적인 것'이 열 명으로 '공적인 것'이 되고 이것이 인정되는 집합 공간을 요구하게 된다. 또 '1×1,000'라고 표현하면 한 사람 한 사람의 가치를 모두 인정하고 이런 사람들이 1,000명 모여 사는 경우다. 독신자를 위한 임대주택을 똑같이 만들지 않고 각자의 개성이 드러나는 주택으로 짓는다면 어떨지 물을 때 떠오르는 공간 도식을 생각해보자. '사적인 것' 1,000개가 그대로 집합하여 '공적인 것' 전체를 이루는 경우다.

다시 말해 1,000명을 이루는 사람들의 '공'과 '사'의 관계를 공간적으로 바꾸면 '집합적'이며 '개인적'인 관계에서 새로운 공동체의 고유한 공간 도식을 발견할 수가 있다. 집단의 성격이 그 집단을 위한 공간적 도식을 만들고, 반대로 특정한 공간적 도식이 그 집단의 성격을 정한다.

### 빈의 카페하우스

공부하려고 일부러 카페나 도서관을 찾아가지만 그렇다고 카페나 도서관이 조용하지는 않다. 오히려 집이 조용할 수 있다. 그런데도 사람이 카페나 도서관을 찾아가는 이유는 약간의 잡음이 있는 곳에서 더 마음이 가라앉기 때문일지도 모른다. 사람은 약간의 잡음이 있어야 마음이 편안해지는 이상한 존재다.

빈에서 흥미로운 공간은 카페하우스다. 빈은 17세기에 몇 번씩이나 터키군에게 포위되었고 그때 커피가 전해졌다고 한다. 1696년 빈에 카페하우스가 생겼다. 그때만 해도 커피는 몸에 나

쁘다고 알려져 있었지만 거리 여기저기에 카페하우스가 생겨 시민들이 휴식을 취하고, 서로 사귀는 장소가 되었다.

빈의 거리에 아직 남아 있는 오래된 카페하우스 카페 슈페를Café Sperl•이나 카페 첸트랄Cafe Central을 보자. 내부는 친밀하고 기분 좋은 분위기를 품고 있다. 독일어로 '게뮈트리히gemütlich'라는 말은 "기분 좋은, 느긋한, 정취情趣가 풍부한, 안락한, 아늑한, 인정미가 있는, 상냥한, 평온한, 느린"이라는 뜻을 담고 있는 단어다. 꽃무늬 천으로 덮은 소파가 벽에 기대고 있는데, 이 문양은 빈의 주택에서 쉽게 찾아볼 수 있다. 또 다른 의자는 토네트Thonet 가구이며, 테이블은 대리석이다. 진한 커피 향이 오래된 나무로 마감된 높은 벽에 그대로 배어 있다. 커튼을 젖히면 거리를 내다볼 수 있다. 안은 약간 어둑하고 담배 연기가 자욱한데 등불이 공간을 친밀하게 비춘다. 격조 높은 실내는 떠들썩하기도 하고 조용할 수도 있다. 이중적 공간이 빈의 카페하우스가 지닌 매력이다.

그러나 이는 당시의 주거 환경 자체가 별로 좋지 않았기 때문이기도 하다. 겨울 동안 집에 장작과 석탄으로 난방을 하는 것보다 카페하우스에서 시간을 보내면 여러 가지를 절약할 수 있었다. 또한 비좁은 자기 주택의 거실 역할을 대신해주기도 했다. 사적 공간이 그다지 넓지 못하여 보완하고자 거리로 나가 일종의 공적 공간 안에서 그들이 좋아하는 사람들과 함께 작은 사적 집단을 만든 것이 카페하우스다. 오스트리아 건축가 아돌프 로스Adolf Loos와 작가 칼 크라우스Karl Kraus와 친했던 작가 페테르 알텐베르크Peter Altenberg는 이곳을 자기 집처럼 사용했다. 심지어 카페하우스의 주소로 자신의 편지를 받기도 했다.

로스의 데뷔작 카페 뮤제움Café Museum은 아주 전위적이다. 사람들은 장식이 거의 없는 이 카페를 '카페 니힐리스무스Café Nihilismus'라고 불렀다. 그렇지만 이 카페는 전과 완전히 다르지는 않고 19세기 전반부터 성행하던 카페하우스의 전통을 그대로 이어받았다. 로스는 이곳에서 다른 전위적인 작가들과 함께 커피를 마시고 토론하곤 했다.

요즈음에도 반드시 그런 것은 아닐 테지만 카페에서 커피 한 잔을 시켜두면 종일 책을 보고 노트북 컴퓨터로 작업을 해도 상관이 없다. 마찬가지로 빈의 카페하우스에서는 철해둔 신문을 종일 볼 수 있다. 이렇게 되면 단골 커피점이 생기고 자기만의 자리가 생기게 된다. 사적 행위가 도시에 나와 자기의 영역처럼 빈번히 사용하는 예는 도시의 어디서든지 쉽게 찾아볼 수 있다.

19세기 말 빈의 카페하우스에서 보듯, 창가의 나지막한 소파는 마치 자기 집에 함께 앉아 이야기하는 듯한 아늑한 느낌을 준다. 이 자리에 앉아 잠깐이라도 창가로 눈을 돌리는 것만으로 자신은 도시 안에서 보호받으며 머물고 있다고 느낀다. 이때 카페는 번잡한 도시의 보호막이 된다. 때로는 나 혼자만 있는 것이 아니다. 친한 사람과 담소를 나누며 같은 테이블과 소파에 기대앉아 있는 모습은 나에게 작은 공동체 감각을 던져준다. 근대 이후 오늘날의 현상이 이때에도 나타나 있다는 점이 흥미롭다.

## 소유에서 점유로

### 소유와 점유

한국 지하철의 노약자석은 노인과 임산부, 장애인 등 사회적 약자를 위한 좌석, 따라서 노약자 '전용' 좌석이다. 일본 지하철에서는 예전에 '실버 시트'라고 불렀는데 이제는 '우선석優先席'이라고 한다. 아무나 앉아도 되지만 노약자가 오면 자리를 양보해주면 된다. 물론 노약자에게 자리를 양보해주는 것은 어디까지나 배려이지 의무는 아니며 사람마다 다르다. 그러나 교통 약자 전용으로 할애한 노약자석이 오히려 일반석에서는 자리를 양보하지 않아도 된다는 생각을 하게 하기도 한다.

'전유專有'란 특정한 자격을 가진 사람이 혼자 독차지하여 가지거나 사용할 수 있는 것이다. 그러나 '점유占有'는 일시적으로 사용하되 혼자 독차지하지 않는 것을 말한다. 전유는 구분하고 특정화하지만 점유는 누구에게나 속하는 가능성이 잠재한다는 점에서 구별된다. 한국의 노약자석은 나이나 눈에 보이는 장애와 같은 제한조건을 생각한 것이고, 일본의 '우선석'은 그때그때의 형편을 고려한 상대적 판단에 바탕에 둔 것이다. 따라서 한국 지하철의 '노약자석'은 전유이고 일본 지하철의 '우선석'은 점유다.

건축물에는 공과 사가 늘 함께한다. 여기서 '공'은 공공 공간이 아니다. 공은 모두를 위하여 국토를 개발하고 건설 산업을 성장시키며 재산과 인명을 지키려는 것이다. 도로는 모두를 위한 교통을 목적으로 만들어진 공이다. 공은 방화, 일조, 위생, 내진 등 성능을 정하고 주어진 범위 안에서 개인이나 민간에게 집을 지을 수 있는 재량을 주었다. 그 결과 과거에는 건축이 공동체나 국가의 근거였으나 서서히 개인이 주택을 소유하고 건축가의 작품 안에서 살 수 있게 되었다. 소유 관계가 건축가에게 개성과 창의성을 중시하도록 해주었다.

한때 누구나 내 집을 갖는 것이 꿈이었고 희망이었다. 인구도 많이 늘었고 결혼도 많이 했다. 그래서 주택을 많이 지었다. 대량생산이라고 말하는 것이 맞는 표현이다. 부서진 집을 새집으로 짓고 다시 부술 만한 곳을 찾아 부수고 새집을 지었다. 그렇게 하면 경제가 성장한다고 여겼다. 그런 탓에 이제까지의 국가가 행한 주택정책은 자기 집을 소유하는 것이었다.

이런 과정에서 공은 주택의 소유를 당연하게 여기고 이를 정책의 기조로 삼았다. 이것이 이제까지의 주택정책이었다. 이렇다 보니 우리 건축물에는 공과 사만이 있다. 소유된 '사'는 철문으로만 나뉘어 있는 것이 아니라 각종 방식으로 바깥과 구분되어 있다. 주택만 해도 모든 주택은 사의 것이다. 주택은 소유하는 것이므로 당연히 그 안에 있는 가전제품, 가구, 식기 등을 모두 소유해야 한다. 도시도 각종 사가 집적된 것이다. 공공 공간은 국가가 만들지만 작은 광장이나 공원과 같은 공공 공간의 일부가 상업 시설에 의존하고 있다. 때문에 사람들은 돈을 지불하고 그 공간을 사용하게 된다. 그러면서 공과 사는 명확히 구분되고 그 사이의 영역은 사라지게 되었다.

건축과 도시에는 무수한 공과 사의 중간 단계가 있다. 예를 들어 시청 건물 앞에 놓인 광장은 확실한 공이다. 그런데 그 광장을 어떻게 사용할지 모르거나 사람들이 점유하지 않고 빈 채로 있으면, 그것은 텅 빈 하나의 기호에 지나지 않는다. 광장에 교회가 있고 길이 만나며 상점이 늘어서 있고 사람들이 모일 때 비로소 그것은 공동체를 상징한다. 공은 활발히 사에 점유될 때 생긴다. 지속적인 점유는 공동체를 유지하는 중요한 조건이다.

개인이 '나'로 닫혀 있는 사람들이 다수 모였다고 하자. 이것이 공공 공간의 본래 의미는 아니다. 소유는 독점獨占이 될 가능성이 높지만 점유는 공유할 가능성이 높다. 점유는 나에게만 속하고 나에게만 닫혀 있는 상태에서 벗어나 밖을 향하는 것이다.

### 점유와 셰어

건축에서는 용도use라는 말을 많이 사용한다. 용도지역은 크게 도시지역, 관리지역, 농림지역, 자연환경보전지역을 말한다. 건축물의 종류에서 용도란 문화 및 집회 시설, 종교 시설 등을 말한다. 따라서 용도라고 하면 땅이나 건물이나 공간을 주택에서 거주하는 것, 학교 건물에서 가르치는 것, 극장에서 연기하는 것과 같은 목적을 담아 사용하는 것을 말한다. 그러나 용도에는 권리라는 뜻이 있다. 따라서 '용도'는 사물, 건물, 공간에 새겨진 가치일 뿐만 아니라, 재산, 소유, 사용권이라는 틀 안에 있는 사회적 관계를 뜻한다.[94] 이렇게 생각할 때 용도는 다른 방식으로, 다른 이익을 위해 사물, 건물, 공간을 다양하고 융통성 있게 사용할 수 있는 관계다. 따라서 건축에서 점유를 묻는 이유는 용도를 고정된 목적에서 벗어나자는 제안이다. 이는 사물, 건물, 공간을 누구나 이용할 수 있도록 어떻게 가능성을 열지 묻는 것이다.

스케이트보딩은 자기 몸으로 도시 공간을 직접 경험하는 놀이다. 신체는 도구를 탄 채로 이미 있는 도시 공간을 지형으로 역이용한다. 그리고 또 다른 공간을 다시 만들어낸다. 계단도 이용하고 배수구도 이용한다. 이들은 몸으로 도시 공간을 점유한다. 점유는 이 건물의 기능이 이러하니 이렇게 사용하라는 것에 응하지 않는다. 주어진 장소를 자신의 것으로 다시 만들어간다. 그래서 사용자는 자신이 경험하며 공간에서 행위를 확장해간다. 점유는 새로운 사용자의 행위를 발견하는 것이다.

한편 오늘날에는 도시에서 살고 교외에서 일하는 장을 만들기도 한다. 핵가족이 아니고 학연과 지연이 아니더라도 '사회연社會緣'으로 살아가는 사람도 많이 늘었다. 정보의 혁신적인 발전으로 사람들의 관계는 다양하게 이어진다. 사람의 움직임도 유동적이고 대학생이나 고령자가 혼자 사는 경우도 늘어나면서 핵가족으로 살아가는 생활 모습은 점차 줄어들고 있다. 그야말로 개체, 개인, 개별의 시대다.

'셰어share'는 사적인 것이 모여 있는 바를 나눌 때도 있고, 공적인 것이 모여 있는 바를 나눌 때도 있다. '셰어'는 서로 다른 주체가 취미와 관심사를 공유하며 가치관이나 생활 방식이 다른 사람도 받아들이는 방식이다. 그러면서도 동시에 다른 이들과 나누는 방식을 택한다. 단어만 살펴보면 두 사람 이상이 무엇을 나눠 갖는다는 의미인데, 자동차를 함께 사용하는 카셰어링도 있으며 요리도 셰어하고 프로그램을 판매하기 전에 일정 기간 무료로 소프트웨어를 사용해보게 하는 '셰어웨어'도 있다. 시장 셰어market share는 시장점유율이라고 번역하듯이 점유라는 의미가 있다. 공유하기도 하고 점유하기도 한다는 뜻을 가진 묘한 단어다. 공유는 하지만 소유는 하지 않는다는 뜻이다.

핵가족 공동체가 아니더라도 이 범주에 속하지 않는 공동체가 나타나고 있다. 이를테면 '컬렉티브 하우징collective housing'은 가족이 아닌 다양한 거주자가 공통의 가치관을 가지고 그룹을 형성한 집주 공동체이다. 북유럽에서는 단위 주거는 각각 있고, 식당, 주방, 거실 등 생활의 일부를 공용으로 사용한다. 방은 따로 쓰지만 부엌과 거실 등 공용 공간은 나눠 쓰는 셰어 하우스도 있다. 사람들이 모여 살며 자유로이 관계 맺으면서도 제각기 바깥과 따로 이어지는 방식이다. 만일 가족을 '함께 식사하는 공동체'라고 규정한다면 이런 공동체도 다른 의미의 가족이라 할 수 있을 것이다. 혈연 가족에서 떨어진 노인이 함께 사는 실버 하우스도 일종의 셰어 하우스다.

주택을 소유하기도 어렵지만 소유하는 것 자체가 부담이 되는 시대다. 주택을 소유하지 못한다면 점유하는 것으로 생활과 사고, 그리고 주택 정책과 주택 타입이 바뀌어야 하며 사고의 전환이 필요하다. 주택을 소유하지 않고 빌려서 사는 것이 정상적으로 되려면 먼저 물건을 줄여야 한다. 대신 공간과 물건을 사용할 수 있는 공유 시설로 그것을 대신한다.

이를 바탕으로 가족을 넘어서 더욱 다양하고 자유로운, 사람과 사람의 관계를 만들어내는 집합 주택을 생각할 수 있다. 주택 생활이 소유가 아닌 점유의 형태로 바뀔 때, 넓은 의미에서 집합 주거를 점유로 바꾸어 계획할 때, 가족을 포함한 타자와 공유하며 사람과 사람의 관계성을 풍부하게 할 수 있다.

『일시적 도시 공간Temporary Urban Space』이라는 책에 나온 표현 '일시적인 사용temporary use'을 '점유'와 같다고 보고 몇 가지를 덧붙여 정리하면 점유에는 이런 역할이 있다.

① 점유는 국가와 같은 공公이 도시계획으로 할 수 없는 것에 대한 다른 대안이다. 따라서 이것은 계획에 의한 문화를 달리 바꾸는 것이다.

② 점유는 마스터플랜과 반대된다. 먼 목표보다는 현재의 조건에서 시작한다. 모든 것을 새롭게 발명하기보다 이미 있는 것을 사용하려고 한다.

③ 점유는 누가 해주는 것이 아니라 그곳에 사는 사람이 하겠다는 의식이다. '점유'는 행위와 행동을 공유하는 것이다. 때문에 누구라도 공간과 장소를 어떻게 사용할 줄 안다는 의식이 그 안에 있다.

④ 점유는 특정한 지역을 잘 알고 있는 중간 사용자 또는 잠재적 사용자가 계획 속에 반드시 있음을 전제로 한다. 그래서 공간과 계획 과정에서 놀이의 개념이 개입된다.

⑤ 점유는 기능적으로는 사용하지 않는 공간을 경제적으로도 살리는 방식이다.

⑥ 점유는 본래 생활에 속했으나 어느 사이에 상업의 영역으로 옮겨진 것을 나의 생활 안으로 되돌리는 것이다.

## 점유의 새 공동체

공동체는 하나인가? 그렇지 않다. 우리는 여러 개의 장소에 여러 개의 공동체를 가지며 산다. 지역 기반 공동체에는 커뮤니티 시설이 있었고 근대화 주택의 상징처럼 여겨졌다. 그런데 이 커뮤니티 시설은 주택지에만 있어야 하는 것은 아니다. 직장에서 일하는 사람에게는 직장 커뮤니티 시설이, 학생에게는 학교 커뮤니티 시설이 있을 수 있다.

오늘날의 새로운 공동체를 생각하는 데 중요한 단서를 보여주는 연구가 있다. 조현병 환자들이 퇴원한 뒤 어떻게 사회에 복귀하는지를 다룬 글[95]이다. 이 글은 소수자인 이들이 다수자에 동화하지 않고 살아가는 모습을 보여준다. 퇴원 환자들은 생각지도 못한 행동을 하며 독특한 인간관계를 만들어간다. 맥줏집의 단골손님이 되기도 하고, 정해진 영화관에 가거나 정해진 바다를 보려고 열차를 타기도 한다. 이들은 다른 사람에게 알려지지 않은 장을 가지고 있다. 이 글은 이름도 모르고 직업도 모르지만 이들을 받아들이는 장소가 있으며, 이것을 '교두보'로 삼아 점차 다른 장소를 만들어냄을 지적하고 있다.

사람은 자기가 살거나 일하는 곳을 중심으로 동심원적으로 행동 영역을 확대해간다고 보고, 모든 공동체를 동심원적인 구조로 생각해왔다. 그러나 회사를 그만두고 나면 동심원적인 구조가 모두 사라져버린다. 은퇴 후 할 일을 찾지 못하는 많은 이들이 이미 경험하는 바다. 그런데도 이 동심원적 구조가 바람직하다고 건축과 도시를 가르쳐왔다.

여기에서 '교두보'는 단골 카페, 기원, 파친코, 콘서트홀 등으로 확장해간다. 앞서 소개한 글의 지은이 나카이 히사오는 이것을 접란형蝶蘭型이라고 불렀다. 어미 포기에서 새끼묘를 잘라 물이나 흙에 심으면 뿌리를 내리면서 빨리 증식하는 성질에 빗댄 것이다. 그러나 이 '교두보'는 자기 것으로 소유하면 마냥 확장되는 것도 아니고, 계속 다른 곳으로 이동하는 것도 아니며, 빠르게 달리기보다 자신의 기반을 부수지 않고 점유해가는 것이 중요하다.

이런 '교두보'가 공동체를 대신하면 이제와는 다른 의미의 공동체가 될 가능성이 있다. 더구나 이 '교두보'는 가게든 역 앞이든 모두 건축으로 이루어진 작은 장소, 잘 알려져 있지 않은 장소, 소수에게만 의미가 있는 장소들이다. 단지형 아파트가 아닌 함께 사는 새로운 유형의 공동주택을 구상할 단서가 여기에 있다.

4장

# 행위와 프로그램

건축에서 프로그램을 논하는 것은
건물 하나하나를 어떻게 잘 설계할까를
넘어 건축을 통해서 어떻게 실천할까를
묻는 것이다.

## 행위와 공간

### 행위 안의 공간

행동과 행위는 다르다. 행동行動, action은 배고플 때 밥을 먹는 것이다. 상황이 요구할 때 반응하는 것이어서 즉각적이며 그것이 전부다. 행위行爲, activity란 전혀 배가 고프지도 않은데 계속 먹는 것이다. 행동이란 '행동에 옮기다' '행동을 같이한다'와 같이 자발적인 반응을 뜻하지만, 행위는 '비도덕적 행위' '호객 행위'와 같이 자발적이기보다 의지가 중요하다.

행위는 사람이 제각기 의지를 지니고 공간 안에서 행동을 연속시키는 것이다. 의지를 지닌 사람들의 활동이 집적한 불특정 다수의 활동을 건축에서 '행위'라고 말한다. 행위는 상황이 중요한 것이 아니며 상황에 반응하는 것이 아니다. 행위는 '분명한 목적이나 동기를 가지고 생각과 선택, 결심을 거쳐 의식적으로 행하는 인간의 의지적인 언행'이다. 사람의 행위는 다양하고 결코 몇 가지로 정리할 수 없는 성질을 가지고 있다.

아프리카 초원에 야생동물이 떼를 지어 이동하는 모습을 위에서 내려다본다고 상상해보자. 동물은 모여 있기도 하고 줄지어 있기도 하지만 자세히 보면 한 마리 한 마리가 모두 자기의 의지를 가지고 풀을 뜯거나 달리고 있다. 당연히 이 초원에는 벽도 담장도 없다. 그러나 떼 지어 다니는 동물들의 분포가 공간의 분포를 만들어낸다. 건축설계도 마찬가지다. 평면도에 벽과 담장이 그려지기 전에 사람들의 행위가 어떤 분포를 이루고 있는가를 판단하는 것이 먼저다.

강가에 텐트를 치고 삼삼오오 모인 곳에서 건축 공간이 시작한다. 공원에 가면 사람들이 적당한 거리를 두고 적당한 지형에 골라 앉거나 눕는다. 건축적인 구조물이 없어도 사람의 몸과 행위만으로도 공간은 만들어진다. 그런가 하면 영국 밀턴 케인스Milton Keynes 경기장 내셔널 볼National Bowl에 모인 수많은 사람을 위에서 보면 깨알 같이 보인다. 사람이 많으면 거리가 좁아지고 마치 열을 이뤄 앉아 있는 듯이 보이지만, 확대해보면 앞에서 말한 이 두 경우가 무수히 반복된다. 아직 건축물이랄 것은 없지만 사람이 모여 있는 방식만으로 공간의 배열은 결정된다.

사람의 행위가 극장이라는 건물을 만들어냈다. 오래전에는 악사들이 도시에서 도시로, 마을에서 마을로 장소를 옮겨가며 그 땅과 사람들의 축제를 돕곤 했다. 땅마다 제각기 땅의 혼이 살고 있어서 혼을 불러일으키는 축제가 있어야 했다. 음악이나 연극은 어떤 고정된 공간에서 공연되는 것이 아니라 장소에 따라 움직이며 상황에 따라 이루어졌다. 그러다가 행위와 상황이 집에 들어가 극장이라는 것을 만들었다. 음악이나 연극은 특정한 축제에서 떨어져 나가 도시의 중심에 모뉴먼트처럼 생긴 콘서트홀이나 극장처럼 어디에나 비슷하게 닫힌 공간 안에서만 공연되었다. 사람이 고유한 상황을 지닌 장소에서 벌이던 행위가 이제는 반대로 보편적이며 추상적인 극장이라는 공간에 구속된 것이다.

이탈리아 건축가 렌초 피아노Renzo Piano가 1979년에 계획한 오트란토 도시 재생 워크숍Otranto Urban Regeneration Workshop은 건물로 둘러싸인 광장에 텐트를 치고 그 안에 움직일 수 있는 패널로 가벼운 벽을 만들었다. 텐트 안에서는 계획도 하고 상담도 하고 설계도 하며 비디오를 보고 주변 사람들이 구경하러 오는 행위가 펼쳐졌다. 주변은 도시에 열려 있으며 사람들은 이 텐트 안을 스치고 지나갈 수도 있고 구경도 하며 도시 재생 사업에 관여할 수 있도록 만들었다. 이 계획에는 텐트 안에서 일어나는 사람들의 행위가 그려져 있다. 둥근 테이블에 둘러앉아 무언가를 토론하기도 하고, 어떤 곳에서는 한 사람이 따로 떨어져 설계를 하고 있다. 텐트나 기둥이나 벽만 그린 평면과는 달리, 사람들의 행위가 실제의 공간을 만들어낸다.

사람의 행위를 담음으로써 성립한다는 건축에는 역설적이게도 행위를 단순하게 파악하려는 일이 너무 많다. 극장이건 학교건 병원이건 각 시설을 이용하는 사람의 행위가 다양하고 복합적임에도, 이를 수량화하고 단일한 기능으로 바꾸는 일이 비일비재하다. 자유로이 어딘가에 가고 머물고 선택하고자 하는 사람들의 행위를 계획이라는 이름으로, 제도화된 시설이라는 이유로 간단히 공간을 도식으로 만들어 편리하게 통제하고자 한다. 그러나 건축에서 이런 방식으로 사람의 행위를 단순히 파악해서는 좋은 공간이 나올 수 없다. 사람이 잠재적으로 원하는 자유로운 행위 속에는 이미 새로운 공간이 잠재해 있음을 늘 기억해야 한다.

사람은 살아간다. 동물이라면 먹고 숨 쉬며, 식물이라면 광합성을 한다. 행동이든 행위든 살고 있는 상태와 의지를 고쳐 생각하면 새로운 물음이 생기고 좋은 답이 생긴다. 건축을 행위로 생각하는 것은 일상에서 살아가는 하나하나의 움직임에 건축을 주목하는 것이다. 따라서 행위는 기능과 같은 말이 아니다. 그런데도 학교에서는 행위를 기능으로 가르친다. 주택이라면 침실, 거실, 식당 등 각각의 기능에 대응한 공간을 조합하는 작업이라고 가르친다. 침실은 자는 곳, 거실은 모여서 이야기 나누는 곳, 식당은 밥을 먹는 곳이 아니다. 주택 전체가 자는 곳이고 먹는 곳이며 이야기를 나누는 곳이다. 그래야 주택에서 밥을 먹는다고 하면 어떻게 먹는가, 잔다고 하면 어떻게 자는가를 물을 수 있다.

사람의 행위를 더욱 근본적으로 공간에 담는 방식을 새롭게 생각하지 않으면 안 된다. 어떻게 가능할까? 루이스 칸은 "선생이라고 생각하지 않는 선생과 학생이라고 생각하지 않는 학생이 나무 아래에 앉아 있는 곳"을 학교가 생기기 이전의 학교라고 말했다. 학교를 그냥 학교라고 하지, 왜 이렇게 어렵게 학교를 설명하는지 의아해할 수도 있다.

그러나 여기에서 주목할 대목이 있다. 가르치고 배우려는 사람의 행위가 '나무 밑'이라는 장소와 함께 표현되어 있다는 점이다. '나무 밑'이라는 장소에 만들어진 공간은 가르치고 배우려는 사람의 행위와 무관하게 그냥 있는 것이 아니다. 나무는 사람의 행위가 있기 이전에 이미 그곳에 있었다. 그러나 그것으로 건축이 시작되지 않는다. 칸의 말 속에는 가르치고 배우려는 사람의 행위가 빈 땅에서 이루어지지 않고 또 이루어져서도 안 되며 '나무 밑'이라는 공간과 함께 시뮬레이션되고 있다.

설계 도면에는 방의 이름이 써 있다. 주택이라면 거실, 식당, 침실, 화장실 등 여러 이름이 붙는다. 설계 도면의 어떤 방에 어떤 이름을 붙인다는 것은 공간과 기능이 일대일로 대응함을 말한다. 이름은 대체로 그곳에서 무얼 하는지 알려주기 위해 붙인다. 그러나 거실, 식당 등의 이름은 어떤 주택에서도 쓸 수 있는 일반명사라 방의 이름이 그 공간의 독자적인 이름을 나타내지는 않는다. 칸의 '나무 밑' 학교에도 4학년 1반 교실이나 복도라는 방의 이름이 없었다.

이 장소에서는 이렇게 느껴야 하고, 이런 공간을 감지해야 한다는 식으로 건축설계를 진행하는 경우가 많다. 건축가가 자신의 의지와 감정을 공간에 투영하고, 그곳에 있게 될 사람은 건축가의 계획에 따라 그렇게 느껴야 한다고 여기는 경우다. 공간이 그것을 사용하는 사람들에게 작용한다고 보는 것이다. 그러나 건축가가 그렇게 계획한 공간이 항상 그런 식으로 사람들에게 작용하리라고 생각하는 것 자체가 문제다. 사실 공간은 그것을 사용하는 사람과 따로 떨어져 있다. 건축가들은 어떤 공간이 행위에 동시에 작용하는 것을 좋다고 말할지 모르지만, 하나의 공간 안에는 여러 가지 서로 다른 행위가 존재한다. 따라서 공간에 대한 사람의 반응을 예측하는 것이 오히려 의미 있다.

설계할 때 당장 벽을 어떻게 그을까 생각하기보다는 행위를 기반으로 어떻게 영역을 나누어갈까, 어떻게 장소를 만들어갈까 생각하는 것이 더욱 중요하다. 이를 위해서는 평면에 벽을 그리기 전에 가구만을 배치해보는 것이 좋다. 가구를 그리는 것은 행위를 그리는 것이며, 가구를 배치하는 것은 행위를 집적해가는 것이다. 따라서 건물 안에 가구를 놓는다고 하지 말고 건물과 가구로 공간을 만든다고 생각해보자.

## 행위와 사이

### 행위는 잘 안 나뉜다

건축설계에서 가장 많이 사용하는 방법은 사람들의 생활을 어떻게 분할하는지와, 그렇게 나누어진 것을 어떻게 연결하고 통합해 가는지에 대해 질문하며 전체를 만드는 것이다. 그리고 평면도에다 방을 그린 뒤 거실, 식당 또는 사무실, 회의실 등의 이름을 적어 넣는다. 이렇게 생활을 분할하고 통합하는 방식은 건축가마다 다르다. 예를 들어 미스 반 데어 로에의 판즈워스 주택Farnsworth House은 하나의 커다란 공간을 마련한 뒤 그것을 최소한으로 분할하여 사는 사람의 행위를 연속적으로 만들고자 했다. 그러나 르 코르뷔지에는 방으로 분할하고 그 요소를 커다란 전체 속에 독립적으로 위치시켰다. 이는 건축가마다 사람의 생활을 어떻게 해석하여 분할하였는가, 그리고 그것을 어떻게 전체 속에서 엮어 내었는가와 관련이 있다.

그러나 더욱 중요한 것은 건축설계의 출발은 '사람의 생활'이라는 사실이다. 사전에 사람의 생활을 어떻게 분할하는가에 출발점을 두기보다 그 이전의 사실, 곧 사람의 생활이 분명하게 나뉠 수 있는가부터 생각하지 않으면 안 된다. 이것은 추상적인 주장이 아니다. 내가 오늘 한 일을 돌이켜보면 얼마든지 판단할 수 있다. 나의 생활은 뚜렷한 목적 행위 몇 가지로 설명되지 않는다. 생활은 분명하게 분할되지 않는 것인데도, 설계를 효율적으로 진행하기 위하여 무의식적으로 연속적인 생활을 무언가의 덩어리로 구분하며 기능의 단위로 서둘러 생각하는 습관이 있다. 그러나 건축설계의 출발이 '사람의 생활'에 있다는 사실을 인정한다면, 적어도 이런 태도는 건축을 설계하는 올바른 방식이라고는 할 수 없다.

사람은 식사하면서 옆 사람에게 말도 걸고 저쪽에 있는 음식을 담아 먹기도 한다. 접시며 의자는 복잡하게 흐트러진다. 이렇듯 복잡하게 얽힌 식사 행위를 잘 나누고 정리하는 것이 어떤 의미가 있을까. 식탁에 모인 여러 사람의 행동이 마구 겹치듯이, 사람의 생활은 겹치는 것이어서 기능으로 분명하게 나뉠 수 없는 부분이 너무 많다. 먹으면서 마시고 마시면서 이야기하고 전화도 받고 텔레비전도 보면서 사람의 행위는 확산한다. 같은 거실이라도 어떤 가족 구성원과 있느냐에 따라 다르고, 어떤 이야기를 나누느냐에 따라 어제와 다르고 또 그제와 다른 행동을 하게 된다.

사람은 개별적인 행위를 선택할 때 기능이나 의미에 일대일로 대응하지 않는 경우가 참 많다. 실제로 사람들의 행위는 단 하나의 분명한 목적에 집중하지 않는다. 사람이 사용하는 공간은 그대로 사용되는 경우가 거의 없다. 그 공간의 이름과 사용하는 방식, 곧 공간과 행위는 언제나 서로 '어긋나' 있다. 따라서 건축물은 방의 이름이 있는 방과 복도를 합친 것이 아니다. 어떤 행위가 일어나는 공간과 시간의 경계는 모호하다. 그럼에도 이제까지 건축은 공간을 목적을 달성하기 위한 수단으로 단순화했다.

공간과 그 공간이 쓰이는 방식이 고정되지 않는다는 것을 현대건축에서는 '불확정성'이라는 말로 설명한다. 이 개념은 현대물리학에서 베르너 카를 하이젠베르크Werner Karl Heisenberg가 제안한 불확정성원리에서 비롯한 것이다. 불확정성원리는 인과율因果律에 따라 결정된 이론을 근본적으로 의심한다. 이것은 현대미술가가 실험적으로 사고하는 데 바탕이 되기도 했다. 침묵이나 소음까지도 음으로 보고 이를 불확정한 결합 상태로 본 미국 작곡가 존 케이지John Cage의 현대음악도 같은 배경을 가지고 있다.

칸은 소크생물학연구소 집회동을 계획하면서 방의 이름을 넘어서는 사람들의 행위, 이름을 붙이지 않은 장소에 주목했다. "펜실베이니아대학교 연구소와 같은 평범한 건물과는 달리, 이러한 생각이 소크생물학연구소를 실험실만큼 큰 만남의 장소를 요구하는 건물로 만들었다. 그것은 예술 로비의 장소, 곧 문예의 장소였다. 그것은 사람들이 식사하는 곳이었다. 왜냐하면 식당보다 더 훌륭한 세미나실은 없기 때문이다. …… 구체적인 이름이 없는 엔트런스 홀처럼 이름을 붙이지 않은 장소가 있었다. 그것은 크기는 가장 크지만 그렇다고 디자인된 방은 아니었다."[96]

이처럼 식당이 세미나실이 되고, 심지어는 구체적인 이름이 없는데도 확정할 수 없는 다양한 인간의 바람을 위해 존재하는 공간을 만드는 것이 칸이 주목한 건축의 본질이었다. 최근 현대건축에서 불확정성을 말하는 건축가가 많이 있으나, 칸은 이러한 사고의 전조를 이룬다. 또한 칸은 '프로그램'을 확대 해석하려 한다. 결국 프로그램이란 공간 영역의 '본성'을 현실화하는 것이다.

방의 이름을 구체적으로 정하지 않는 것은 공간을 명확하게 분절하지 않고 방에서 일어날 수 있는 여러 가지 가능성을 열어둠을 말한다. 이전에는 벽으로 공간을 분절했다면 이제는 가구가 공간을 드러낸다. 가구가 행위를 나타내고 일련의 행위가 확정되지 않은 방을 만든다. 예전에는 벽으로 칸막이를 하고 침실을 만들어 그 안에 침대라는 가구를 두었다면, 이제는 침대라는 가구가 침실의 영역을 만든다. 건축에서 가구로 규모를 줄여가는 것이 아니라, 가구에서 시작하여 건축으로 확대해간다.

이렇게 사람의 행위를 기반으로 기능을 생각하고 공간을 연속시키려는 태도가 최종적으로는 행위 → 기능 → 가구 → 벽 → 공간이라는 틀을 무너뜨린다. 행위와 가구가 그대로 공간이 되고, 반대로 공간이 행위나 가구가 된다. 현대건축의 불확정성이라는 것도 아주 단순하게 말하면 바로 이에 바탕을 두고 있다.

공간을 연속시키는 태도를 통해 건물을 사용하는 방식에는 나름대로 '풍경'이 들어선다. 방 하나하나에도 사람들이 살아가는 방식과 관련된 생활의 '풍경'이 있다. 건물의 실체가 모여 만들어지는 풍경이 있는가 하면, 건물이 어떻게 쓰이는가 하는 풍경도 있다. 사람이 건물을 어떻게 사용하는지 그 모습을 하나의 '풍경'으로 바라본다는 것은 참으로 흥미로운 일이다. 세계를 여행해보면 서로 다른 문화와 시대에서 사람들이 나와 다른 규칙으로 살아가는 방식과 건물을 사용하는 방식을 신체 깊이 체험하게 된다. 사람들이 건물을 사용하는 방식, 곧 건물을 사용하는 풍경은 건물을 살아 있게 만드는 풍경이다. 기능으로 건물을 생각하는 방식을 넘어, 현대건축이 넓혀야 할 과제가 여기에 있다.

### 다가치

건물을 어떻게 사용하는가는 반드시 기능을 말하지는 않는다. 기능만을 잘 따른다고 해서 좋은 건물이 생기는 것은 아니다. 만들어진 건물이 오히려 새로운 기능을 생기게 한다는 것은 설계 경험을 통해서 얼마든지 알 수 있다. 그래서 행위에는 사이가 있고 따라서 기능은 그 사이로 늘 해석된다. 헤르츠베르허는 융통성만큼 좋은 해결책은 없다고 생각했다. 그는 고정된 명확한 입장을 부정한다. 융통성 있는 계획이란 꼭 들어맞는 해결책은 없다는 데에서 출발한다. 모든 해결책을 제시할 수 있고 생각을 열어두지만, 다양한 사용자 모두에게 맞는 최적의 답은 없다고 생각한다.

그는 융통성을 달리 해석하기 위해 '다가치多價値, polyvalence'라는 용어를 사용한다. '다의적polyvalent'이라는 개념을 통해 기능이나 용도를 사용자의 입장으로 확대하고 있다.[97] '다가치'란 사람들이 개별적으로 공간을 사용하거나 해석하거나 적응하는 방법에 관한 융통성의 한 가지다. 이 말은 프랑스어 '살 폴리발랑salle polyvalent'에서 나왔다. 프랑스 마을의 '살 폴리발랑'은 어떤 때는 무도회장도 되고 극장도 되며 결혼식장도 되는 공공 홀을 말한다. 그러나 이러한 뜻은 오히려 '다용도multipurpose'에 더 가깝다. 그런데 헤르츠베르허가 말하는 '다의적'이란 형태를 바꾸지 않고 다르게 해석하여 다르게 사용하도록 함을 말한다. 의미는 어렵지 않은데 실제 건물의 설계에서는 소홀해지기 쉬운 개념이다.

그는 자신이 설계한 학교에서 칸막이를 사용하지 않고 중앙 홀을 동선을 위한 공간으로도 쓰고 학생들이 모일 때도 쓰도록 했다. 이러한 공간을 다가치적 공간이라고 부른다. 사무소 건축에서는 사용자의 작업 요구에 맞추어 각자의 개성을 반영하도록 공간에 적용하고 완성하게 했다. 이것은 스케일이 다른 공간을 한정하거나 사용 방법을 특별히 정하는 오픈 플랜 사무소open plan office와는 다르다.

이처럼 용도를 '다르게 해석하는 것'은 시간과 관련되므로, 기능의 효율만 따지는 것과는 전혀 다른 방향이다. '다르게 해석하는 것'은 용도가 건축가의 일방적인 방식으로 규정되는 것이 아니라, 사용자가 해석할 수 있는 여지를 둔다는 의미다.

헤르츠베르허가 설계한 암스테르담의 아폴로 학교Apollo School의 계단은 사용자의 자연스러운 행위에 대응하면서 일종의 극장과 같이 사용되고 있다. 그는 특정 목적을 위해 만든 공식적인 회합실이나 강당 없이도 계단이 부모와 아이들 그리고 교사가 만나는 장소가 된다는 사실에 주목한다. 오사카의 야구장이 주택 전시장으로 사용되는 것도 이와 같다고 본다. 그는 이러한 조건을 만족하는 건축을 "해석할 수 있는 건축interpretable architecture"이라 부르고 있다.

## 행위와 놀이

### 놀이와 협상

건축설계란 다양성을 예측할 수 없게 묶어내는 행위다. 방을 배열하는 방식에 정해진 법칙은 없어 방은 수많은 방식으로 나뉘고 합해진다. 걷고 말하고 앉고 상대방과 말을 나누고 기다리고 뛰어다니며 어떤 때는 조용히 마당을 거닐고 싶어 한다. 한 사람의 행위에 대한 욕망은 끊임없이 바뀌고 연결해가는 것이다. 이렇게 보면 건축에서 기대하는 다양함은 사람들이 만들어내는 행위의 공간 속에 있다. 건축에서 설계란 놀이이며 협상하는 일이다.

사람의 다양한 행위를 '놀이'라는 말로 표현하곤 한다. 아이들이 자리를 차지하며 놀듯 건축에서 놀이는 사람의 행위가 장소를 차지함을 말한다. 아이들은 놀 때 어떤 장소를 사용함으로써 그 장소를 가치 있게 만든다. 네덜란드 화가 피터르 브뤼헐Pieter Bruegel의 〈아이들의 놀이Kinderspelen〉는 문자 그대로 놀이의 혼돈 공간이다. 각종 놀이가 마당 안에서 전개되고 있는 이 그림은 아이들의 행위 자체를 놀이로 볼 수 있지만, 커다란 공간 위에서 펼쳐지는 수많은 인간 행위도 놀이와 같은 느슨함과 조직이 있음을 말하는 듯하다. 이 그림에는 아이들의 놀이 장면이 병렬로 배열되어 있다. 행동이 동시다발적이다. 아이들에게 놀이는 발견하는 것이다. 책 보며 공부하듯 무엇을 배우는 것이 놀이가 아니다. 또 아이들의 놀이라고 해서 이를 어떤 놀이기구와 관련하여 생각해서도 안 된다.

이 그림을 마을의 빈터가 아닌 교실이라고 하면 지금의 교실은 어떻게 바뀔 수 있을까? 교실 안의 여러 행위는 어떻게 병렬로 놓이며 동시다발성을 띨 수 있을까? 모두 아무 말 없이 선생님의 말씀만을 듣는 것이 좋은 수업이 아니듯, 모든 학생이 똑같은 자세로 앞을 바라보도록 교실과 교무동과 운동장을 하나의 세트처럼 묶는 것이 좋은 배치는 아닐 것이다. 그렇다면 어떻게 해야 〈아이들의 놀이〉와 같은 상황을 설계할 수 있을까?

아이들의 놀이는 달리는 것이다. 놀이기구가 있어서 논다는 것과 놀이기구가 없이도 잘 논다는 것은 아주 다른 사고의 차이를 보여준다. 근대건축의 기능주의는 놀이기구가 있어야 아이들이 논다는 사고다. 놀이기구란 아이들에게 노는 방식을 마련해주는 도구다. 그런데 도구가 그 이상의 역할을 생각하지 못한다면 문제가 있다. 이에 현대건축은 놀이기구가 없이도 아이들은 잘 논다고 생각한다. 별도의 놀이기구가 없어도 아이들을 잘 놀게 하자는 것이 본래 취지다.

공원에서 쉬는 사람들도 마찬가지다. 그들을 잘 살펴보면 여러 가지 행동을 하고 있다. 서 있는 사람, 움직이고 있는 사람의 궤적만을 살펴보아도 미묘하게 구분된다. 텅 빈 것 같은데도 사람들은 무언가의 계기를 가지고 끊임없이 움직이며 놀이와 같은 느슨한 조직을 만들어낸다. 마찬가지로 사람들의 행위는 예상하지 못하는 장소와 공간의 여러 가능성을 발견하는 놀이와 같다. 그러므로 사람들의 행위를 단순 기능으로 분류해서도 안 되고, 이미 정해진 공간을 행위에 할당하듯이 나눠서도 안 된다.

알도 반 에이크는 사람들이 스스로 원하는 행위를 가능하게 하는 장소를 어떻게 도시 안에 만들 수 있을까에 대해 이렇게 말했다. "큰 눈이 온 뒤에 무엇이 나타날까? 그것은 어린아이의 천국이다. 이 아이들은 한때나마 도시의 지배자가 된다. 아이들은 움직일 수 없는 자동차 곁에서 눈을 뭉치고 제멋대로 뛰어다닌다. …… 그러나 이제 어린아이들을 위해 고려해야 할 것은 눈보다 훨씬 오래가는 것이다. 그것은 아이들에게 눈만큼 충분한 것은 아닐지 모르지만, 눈과는 달리 다른 도시 기능을 전혀 방해하지 않고 아이들의 행위를 활발하게 해주는 것이다."[98] 이것은 도시에 어린이를 위한 시설을 많이 지어주자는 말이 아니다. 그것은 결국 도시 안에서 자유로운 사람들의 행위를 담는 장소가 아주 중요하고, 이 장소는 어디에 따로 떨어져 있지 않고 도시의 적당한 장소에 반복하여 배치해야 한다고 강조한 것이다.

행위와 상황으로 건축을 생각하면 종래에 굳게 믿던 건축에 대한 입장도 달라진다. 건축은 언제나 불확정적인 상황에 대응하고 이를 유지하려 한다. 그리고 건축을 건축가의 손으로 긴밀하게 구성된 시간이나 공간이 아니라, 지역의 커뮤니티 안에서 일상생활을 자극하고 길가나 공원 한구석에서도 사건을 불러일으키는 건물을 만들고자 한다.

### 프라이스의 펀 팰리스

1960년대에 공간에서 행위를 확장해가는 건축을 새롭게 제안한 건축가가 있었다. 요나 프리드먼Yona Friedman은 르 코르뷔지에를 위시한 근대건축국제회의CIAM에 의문을 품고 1958년 '움직이는 건축Mobile Architecture'을 발표했다. 건물이 움직이는 것이 아니라, 이동 사회에 적합한 건축으로서 새로운 자유를 가진 주민이 움직이는 것이었다. 따라서 이 건축은 거주자에 따라 정해진다. 프리드먼은 평균적인 인간은 없다고 생각했다. 평균적인 인간이란 건축가들이 사용자의 역할을 과소평가한 데에서 나왔다고 보았다.

그는 거주자는 필요만을 충족하는 것이 아니라 무언가 만들고 무엇에 대하여 신념을 충족해야 한다고 보았다. 그는 또 주거 문제를 해결하려면 주민 자신이 필요한 기술과 방법을 가져야 하며, 기계적으로 보이는 거대 구조물이 지표면의 자연이나 농업, 역사적인 모뉴먼트를 파괴하지 않는 환경적인 배려를 꿈꾸었다.

따라서 '움직이는 건축'은 최소한으로 지면에 닿아야 하며 해체와 조립이 가능하고 주민 개인의 요구에 따라 바꿀 수 있어야 한다고 믿었다.

영국 건축가 세드릭 프라이스Cedric Price는 행위와 상황의 관계에서 건물을 다시 바라보려고 한 중요한 인물이다. 그가 극장 프로듀서 조안 리틀우드Joan Littlewood와 함께 계획한 건물 펀 팰리스Fun Palace•는 런던 동부의 한 지역 공원에 이동할 수 있는 다양한 엔터테인먼트 시설을 갖춘 복합체다.[99] 형식적으로 변하는 연극이나 유희 시설을 해체하고 지역사회의 일상 안에서 회복하고자 한 시설이다.

이 계획에는 바닥, 플랫폼, 크기가 다른 방만 주어지고 특정한 프로그램이 없다. 원하면 언제든 올 수 있으며, 지나가면서 보기만 하면 된다. 그러면 인포메이션 스크린을 통해 무슨 일이 일어나는지 보여준다. 입구를 찾을 필요도 없으며, 어디서든 걸어 들어오면 된다. 문도 없고 로비도 없다. 어떻게 사용하는가는 사용하는 사람 몫이다. 마치 공장에서 물건을 생산하듯이 이 건물 안에서는 사람들이 하고 싶은 행위나 우연한 사건happening들이 생산된다. 사용자 의도에 따라 공연이나 관람 등의 이벤트가 일어나고, 상황에 맞게 프로그램이 형성될 수 있게 했다. 프라이스의 1969년 계획안인 'ATOM 계획'도 뉴타운 안의 교육 시설을 확장하여 생활 영역으로 네트워크를 연결하는 시설이었다. 일상을 읽어내는 가벼운 단말기가 새로운 공동체를 만든다고 보았다.

1966년 그는 'OCH 계획'에서 건축과 도시를 하나의 정보로 인식했다. 이 계획은 런던 도심의 사람들이 손쉽게 드나들 수 있게 만든 이른바 정보 단말기 스테이션이다. 여기에는 신문사의 뉴스실이 있고, 여행사와 정부 기관과도 연결된다. 그리고 어학을 공부할 수 있는 교육 프로그램이 주어지며 도시 간 회의도 이루어지는 곳이다. 최근 많이 언급되는 정보 센터의 모습과 비교해도 전혀 손색없는 계획이다. 그의 또 다른 계획인 '보더리스 싱크벨트 Borderless Thinkbelt'는 기존의 도자기 산업 도시를 대학 시설로 바꾼 것이다. 철도와 고속도로, 유선과 무선 네트워크, 전통적인 대학과는 다르게 배열된 강의 시설 등, 건물을 고정된 장소에 국한하지 않고 물건과 정보의 이동으로 파악했다.

렌초 피아노와 리처드 로저스Richard Rogers가 설계한 퐁피두 센터Centre Pompidou는 세드릭 프라이스의 전적인 융통성과 적응성이라는 개념, 그리고 아키그램의 '플러그인 시티Plug-in City'의 영향을 받았다. 융통성을 극대화한 거대 구조물에 도시의 다양한 기능과 행위가 집중되어 있다. 광장 쪽에는 회랑이 있고 파사드에 붙어 에스컬레이터가 올라간다. 평면뿐 아니라 단면과 입면도 모두 필요에 따라 가변적인 벽 시스템 등으로 바뀔 수 있으며, 내부 공간은 전선관, 급배기 덕트, 전등 등이 지나가는 장 스팬long-span의 웹 트러스web trusses에 모두 노출되어 있다. 밖에서 보기에는 선박이나 석유정제 공장처럼 보여서 석조 건물이 많은 파리라는 도시에서는 매우 이질적으로 느껴진다. 평면의 크기는 약 160×550미터에 지상 6층으로 실내에는 기둥이 하나도 없다. 엘리베이터나 공조 덕트, 전기 배관, 급수 파이프 등은 모두 건물 바깥에 설치되어 있다. 행위를 제안하는 것은 공간을 제안하는 것이다.

'코라Chora'라는 도시 설계 조직을 이끄는 네덜란드의 라울 분쇼텐Raoul Bunschoten은 학생들을 위한 '도쿄 놀이'라는 간단한 프로젝트에서 건축과 도시의 관계를 아주 극명하게 보여주었다. 커다란 지도를 바닥에 깔고 60개 정도의 완두콩을 던져서 임의로 결정된 지역의 특성을 면밀하게 조사하는 것이다. 결정은 놀이로 하지만 조사는 놀이의 근거를 찾아내는 것이다. 각각의 장소는 사전에 무언가의 목적을 위해 결정되지 않았다.

### 군집의 행위

건축을 설계할 때 사람들의 집합 상태를 생각하는 것은 아주 중요하다. 건축은 한 사람의 행동만이 아니라 대도시에서 불특정 다수의 사람이 움직이는 방식에 대해서도 주목한다. 출퇴근 때 지하철의 플랫폼과 계단에는 정말 많은 사람이 움직인다. 움직이는 이들은 지하철이라는 공간을 사용하며 지나고 있는 것이지, 그들과 어떤 회합을 하며 의견을 나누는 것이 아니고 같은 생각을 가지고 이들과 어디를 가는 것도 아니다. 이들은 가끔 한 장소에 모였다가 특별하게 조직되지는 않았지만 어떤 이유로 무리를 이루며 어딘가로 방향을 잡고 있는 사람들의 무리다.

그러나 이들이 가는 곳은 모두 다르다. 나는 이들과 대화를 나누지 않았다고 섭섭해하지 않으며, 이들과 몸을 부딪치기도 한다. 그리고 알지 못하는 수많은 사람들의 한가운데 있음으로써 서로 냉담하고 무관심하며 누구일 수도 있고 누구도 아닐 수도 있는 존재로 그곳에 있음을 알게 된다. 이런 무리를 군집群集, crowd이라고 한다. 이런 사람들의 무리는 대도시의 지하철, 가로, 역, 백화점 등에서 일상적으로 나타난다.

오늘날에는 공공 공간에서 다른 이들과 연대 의식을 갖는 경험은 아주 드물고, 이런 군집의 방식으로 같은 도시에 사는 사람들을 경험한다. 군집은 인간의 집합으로 이루어진 일정한 사회적 존재 방식인 집단集團과 다르다. 군집은 교통을 매개로 하여 광역적으로 그리고 일상적으로 이동하는 사람들의 무리다. 따라서 이들은 공간을 시간화한다. 군집은 도시라는 공간을 함께 사용하지만 서로 타자로 이동하며 가로나 역 또는 공공의 교통기관과 상업 공간에 구체적으로 나타난다. 그렇지만 이 군집이 사용하는 도시 공간은 공공 공간이 아니다. 공간은 상업화하거나 상업을 전시하는 공간으로 바뀌는 것이다.

작은 도시에서는 다른 사람이 말하는 것을 듣고 대도시에서는 다른 사람이 말하는 것을 본다. 독일 사회학자 게오르그 짐멜Georg Simmel은 이를 지적했다. 대도시의 전철 안에서는 다른 사람을 바라보지만 서로 이야기하지 않는다. 다른 사람을 본다는 것은 다른 사람에게 말을 걸지도 않으며 다른 사람이 말을 걸지도 않는다는 뜻이다. 그런데도 건축을 하는 많은 전문가는 자기가 설계하는 공간 안에서는 서로 모르는 사람이 없다고 가정하는 선입관이 있다. 시청이나 구청을 설계할 때 주민들이 청사에 들어오면 한마음 한뜻이 되는 아름다운 풍경을 의심하지 않고 가정한다. 사람이 말하는 것을 듣는 사람들의 집단은 서로 모르는 사람이 거의 없는 아주 작은 도시의 친밀한 공동체에서 가능하다. 이러한 공동체는 오늘날의 대도시에서는 가능하지 않다.

건축 공간이란 비어 있는 것, 또 그것들의 사이가 아니다. 건축에서 공간은 균질하지 않은 행위의 장이다. 그 장은 한두 개가 아니다. 공간은 무수한 장과 잠재력으로 채워져 있다.

## 프로그램은 발견하는 것

### 행위의 시나리오

프로그램program은 'pro앞에서'와 'graphein쓰는 것'이 합쳐진 단어다. 라틴어 프로그라마programma는 선언proclamation, 칙령edict에서 나왔다. 그런데 그리스어 프로그라마programma는 글로 쓴 공식적인 통지를 말한다. 이것은 불연속적인 경험의 패턴을 연속적인 사고의 흐름으로 정리하고 아직 나타나지 않은 바를 예상함을 뜻한다.

프로그램이라는 말은 사용된 지 제법 오래되었다. 건축사가 파울 프랑클Paul Frankl도 프로그램이라는 용어를 사용했다. "건물의 설계 조건building program을 결정하고 이로부터 공간 형태를 결정하는 것은 말할 나위도 없이 목적이 지닌 실제적이며 구체적인 확실성이지만, 그러나 의도가 있을 때 비로소 목적은 예술적인 성격을 띠게 된다."[100] 이 문장을 잘 읽어보면 프로그램은 설계에 주어진 단순한 조건이 아니라 건물이 지어지는 목적이며 그 의도로 해석했음을 알 수 있다.

모든 것이 명확하고 분명하면 하나의 목표를 향해 질서 있는 전체를 건설할 수 있었다. 20세기는 합리화와 기계화에 바탕을 두고 사회제도와 기능과 공간을 일치하도록 했다. 그러나 오늘날 이것은 가능하지 않으며, 건축가는 뚜렷한 전제 없이 불특정 다수를 대상으로 사고해야 했다. 정해진 기간 동안 변화에 대응하며 움직여야 했다. 사회가 유동적일수록 계획에 예측 불가능하고 우발적인 것이 개입하면서 서서히 의미를 잃게 된다.

1970년대에도 프로그램이라는 용어가 건축에 많이 사용되었다. 이 용어는 건축주나 건축가가 찾아야 하는 조건을 의미했다. 그러나 근대건축에서 설계를 규정하던 기능이 힘을 잃게 되자 '프로그램'을 발견한다는 행위에 주목하기 시작했다. 이렇다 보니 프로그램 하면 기능을 대신하는 말로 사용하는 경우가 많다.

또 일반적으로 프로그램은 텔레비전 편성표라는 말처럼 어떤 것의 진행 목록이나 순서, 차례 등을 뜻하며 연극이나 방송 등에서 많이 사용된다. 이제는 텔레비전에 방송되는 특정 매체나 매체 전체를 뜻하는 단어로 의미가 확장되었다. 컴퓨터 프로그램은 어떤 문제를 해결하기 위하여 처리 방법과 순서를 기술하여 컴퓨터에 주어지는 일련의 명령문 집합체를 뜻한다. 사회복지 프로그램이라고 하면 사회적, 경제적 약자 편에서 사회정의를 실현하기 위해 노력하면서 개인과 사회를 변화시키기 위한 수단을 뜻한다. 이처럼 프로그램은 모든 사람이 이해할 수 있게 다른 해석을 가하지 않고 정확하고 엄밀하게 기술하는 것을 뜻했다.

오늘날 관심을 갖는 프로그램은 근대건축의 기능과 똑같지 않다. 학교를 설계하는 경우를 예로 들어 근대건축에서 프로그램을 살펴보자. 여기서 기능을 규정하는 주어진 조건이란 '각 학년은 여섯 개 반으로 되어 있고, 층별로 배치하여야 하며, 각 층에 특별 교실을 하나 이상 두어야 한다.'라는 것과 같다. 그러나 프로그램은 기능과 깊은 관계가 있지만 기능보다는 넓은 개념이다.

프로그램은 1990년대부터 현대건축을 이끄는 중요한 논의의 하나로 등장했다. 전체가 계획의 대상이 될 수 있다는 확신이 사라지고 있기 때문이다. 프로그램은 건물이 어떻게 사용될 것인가, 건축에서 주어진 조건과 예산을 수용하고 그사이 예기치 않게 발생하는 바에 적절히 대응하는가를 생각하는 것이다. 또한 프로그램에는 행위에 융통성을 주고 다른 것을 생성한다는 뜻이 포함되어 있다. 이런 입장에서 볼 때 프로그램은 더욱 넓은 틀 안에서 사용자가 어떤 행위를 하고 어떤 생각을 하게 되며 다른 누가 이것에 참가하게 될 것인가를 표현하는 시나리오라고 할 수 있다. 따라서 이 프로그램은 구조주의의 '구조'라는 용어보다는 훨씬 생명체의 시스템에 가깝다.

필로티로 된 어떤 건물을 두고 "르 코르뷔지에의 사보아 주택Villa Savoye처럼 기하학적인 입체를 땅에서 해방하기 위해서"라고 말한다면 이는 미적인 판단에 따른 것이다. 그러나 집합 주택이라는 구체적인 빌딩 타입에서 "1층에 주차하려면 건물을 들어 올리고 남은 부분에는 함께 사는 사람들이 모일 수 있는 작은 마당을 두었다."라고 한다면 이를 프로그램으로 생각하고 설명한 것이 된다. 설계자가 기능을 넘어 해석하여 얻은 개인적인 시나리오도 일종의 간단한 프로그램이다. 예를 들어 아침에 햇살이 잘 비치는 곳에 식당을 마련하고 가족과 함께 즐겁게 식사하도록 공간을 배치한다는 생각은 개인적인 발상을 통해 고정된 기능을 새롭게 해석한 경우다.

또한 프로그램은 고정되어 있는 빌딩 타입을 다시 묻기 위한 것이다. 사회적인 프로그램은 그것에 따르는 빌딩 타입으로 정해진다. 흔히 프로그램이라고 하면 사전에 기획자나 발주자가 결정해주는 것, 외부에서 주어지는 것, 설계는 그것을 충실하게 반영하는 것이라고 알고 있다. 그러나 이는 잘못된 생각이다. 프로그램은 겉으로는 제도화된 듯 보이지만, 실제로는 누가 만드는지 분명하지 않다. 그렇다면 프로그램이란 그 빌딩 타입이 본래 가지고 있어야 할 본래의 의미를 재차 발견하는 작업이다.

구청사와 같은 공공 건축은 사회적으로 고정된 프로그램에 따라 정리되는 경우가 많다. 학교라고 하면 미리 홈룸형, 교과 교실형과 같은 교육 방식으로 공간을 예단하거나, 미술관이라고 하면 이미 고정된 형식을 머리에 떠올리고 그것에 준하여 공간을 정리해버린다. 또한 홀이라는 공간에는 음악이나 연극을 감상하기 위한 것이라는 확고한 빌딩 타입이 사전에 있어서, 지금의 빌딩 타입은 고정된다. 이때 더 좋은 건축은 어떤 근거에서 만들어지는가를 묻는다. 미술관이라면 회화나 조각 작품의 배열 방법만이 아닌 전자 미디어로 종래의 예술 작품을 떠난 새로운 미술 작품을 어떻게 그 장소에 배열하는가도 이에 해당한다.

### 사용의 능동적인 갱신

흔히 프로그램이 건축설계에 앞선다고 본다. 그래서 설계의 요구 조건은 사회로부터 주어진다고 생각한다. 프로그램이란 공간이 되기 이전의 여러 요구 조건이며, 건축설계는 이런 요구 조건을 공간으로 구체화하는 것이 된다. 따라서 건축설계란 그 프로그램을 공간으로 만들고 공간을 배열하는 것이다. 이런 주장은 근대건축 이후 더욱 강조되었다.

근대의 기능주의에서는 침실을 자는 방으로 단정했다. 그러나 침실을 두고 어떻게 자면 좋게 느껴지는 방이 될지 묻는 것이 프로그램이다. 현대건축에서는 형태와 행위를 발생시키는 데 더 큰 관심이 있다.

'부엌'에서 프로그램은 누가 어떤 음식을 어떻게 만들어 식탁에 어떻게 놓을지, 또는 그 부엌 밖에 무엇이 있으며 어떻게 보이고 어떻게 느껴지는지를 생각한다. 부엌을 어떤 동선으로 설계해야 최적이며 그 옆에 무엇이 가깝게 놓여야 하는지만 생각한다면, 부엌을 기능으로 보고 건물을 하나의 부품으로 보는 것이다. 부엌을 프로그램하는 것은 부엌에서 일어나는 행위와 환경의 새로운 관계에 관한 것이다.

건물 안에는 사람이 공간과 장소를 사용하는 풍경이 있다. '건물을 어떻게 만들 것인가'와 '건물이 어떻게 사용될 것인가'는 관점을 달리하며 생각하는 데 아주 중요하다. 건축은 건축가 한 사람의 내적인 문제를 다루는 것이 아니다. 건물을 어떻게 만들 것인가는 건축가 안에 답이 있지만, 반대로 어떻게 사용될 것인가는 건축가가 다 알아낼 수 없는 다른 사람에 관한 것이다.

같은 장소에서 동시에 일어나는 서로 다른 행위가 제각기 공간을 능동적으로 사용할 수 있도록 공간의 크기나 흐름 등을 해석하여 건축설계의 바탕이 되도록 이끌어내는 것을 프로그램이라고 부른다. 프로그램이라는 행위를 통하여 외부에서 주어지는 것으로만 여겼던 조건들이 설계의 대상이 된 것이다.

프랑스 국립도서관 설계 공모전에 제출한 네덜란드 건축 사무소 OMA의 안은 국립도서관이 갖추어야 할 도서량을 직접 설계 대상으로 삼은 대표적인 예다.[101] 프로그램을 통하여 일정한 기능으로 분절된 경험의 패턴을 연속적인 흐름으로 다시 검토하게 되었다. 따라서 프로그램에서는 새로운 경험이 잇달아 조건이 변화된 프로그램을 생성한다고 볼 수 있다. 그리고 이런 과정을 반복한다.

이렇게 바라볼 때 프로그램은 주어지는 것이 아니다. 프로그램은 기능을 여러 가지로 해석하는 것이며, 관습을 벗어나 사람의 행위로 정의되는 것이다. 따라서 프로그램은 만들어지는 것, 발명하는 것, 제안하는 것이고, 시간에 따라 달리 해석되고 변형될 수 있다는 생각에 이르게 된다.

프로그램을 정의하는 다음 문장을 읽어 보자. "오늘날 구성하는 것은 프로그램을 창조하는 것을 의미한다. 우리는 프로그램을 발명하거나 제안하기도 하고, 그 프로그램을 섞기도 하고 그것이 지탱하게도 하고, 본래의 성질을 바꾸기도 한다. 프로그램은 기능과 같은 것이 아니다. 그것은 직접적인 것이 아니고 하나 이상의 목소리를 가지기 때문에 기능 이상의 것이다. 그런데 프로그램은 행동과 행위로 정의되지, 관습으로 정의되지 않기 때문에 기능보다는 못하다. 프로그램은 시간에 따라 변하기 쉽고 변형될 수 있다. 우리는 나중에 잊을 수 있거나 변형될 수 있는 프로그램을 정의해야 한다."[102]

프로그램은 사회적인 행위를 조직하고 규제한다. 프로그램은 습관적으로 고정된 것이 아니다. 사회제도에도 영향을 미칠 새로운 관계를 발견하는 것이다. 하나의 기능도 여러 프로그램으로 해석하고 판단할 수 있다. 기능이란 현실 공간에 그대로 반영되는 것이 아니므로 무언가의 프로그램이 필요하다. 따라서 새로운 프로그램을 제안하는 것은 그 자체로 목적이 될 수는 없으나, 현재 고착되어 있는 기능과 프로그램의 관계를 갱신하는 것이다.

그렇기에 과연 그 사회에서 주어지는 프로그램 속에 공간적인 배열을 이미 담고 있지는 않은지 반대로 반성해봐야 한다. 프로그램이라는 요구 조건에는 무의식적으로 공간이 잠재적으로 배열되어 있으며, 그 조건들은 이미 건축을 모델로 한 것이었음을 주목해야 한다.

따라서 사회학자나 교육학자가 사회나 교육에 대해 말할 때, 그들은 건축의 공간을 모르는 상태에서 추상화하여 말할 수 없다. 학교라는 빌딩 타입을 전혀 생각하지 않은 채로 교육 시스템을 말할 수 없고, 박물관이라는 빌딩 타입을 염두에 두지 않은 채 박물관 문화를 수용할 수 없다. 마치 미술 작품이 미술관이라는 빌딩 타입을 완전히 배제하고 존재할 수 없듯이, 사회 제도가 주는 프로그램도 건축의 공간을 사전에 담고 있는 것이 된다. 달리 말하면 건축의 전제가 되는 프로그램에는 이미 건축적 공간이 잠재되어 있다.

따라서 종래와는 전혀 다른 공간이 사회적인 프로그램을 바꾼다고 생각하게 된다. '이미 빌딩 타입 안에 있어야 할 용도'에는 학교 건물로서 '학생이 어떻게 이웃하는 학생들과 의사소통할 수 있는가, 또는 학생들은 학교에 무엇을 배우러 오는가?'와 같은 질문도 포함되어 있어야 한다. 언뜻 보아 이 두 표현은 비슷한 듯하지만, 기능에 대한 전혀 다른 조건을 담고 있다. 또한 프로그램은 이러한 기능을 공간의 배열과 함께 제안한다. 주택은 빌딩 타입이지만, 가족이 어떻게 구성되고 어떻게 살기를 원하는지는 주택이라는 빌딩 타입 안에 이미 있어야 할 기능이다. 주택의 프로그램은 가족에 관한 것이며, 가족이라는 규범도 공간의 배열로 약속된 것이다. 따라서 공간은 프로그램에 큰 영향을 미친다.

다만 건축에서 프로그램이 중요하기는 하지만 프로그램이 있기에 건축이 완성되지는 않는다. 반대로 건축물이 만들어질 때 비로소 프로그램이 무엇인지 제대로 인식할 수 있다. 건축설계가 정당하게 이루어졌는지 판단하는 모든 근거가 프로그램의 구성 방법에 있는 것도 아니다. 건축의 일이란 프로그램의 사회적이며 문화적인 내용을 넘어서 그것을 물질적인 특질로 바꾸는 것이다. 이에 스페인 건축가 알레한드로 자에라 폴로Alejandro Zaera Polo는 프로그램 자체만을 목적으로 삼는 건축의 한계를 이렇게 묻는다. "그러면 당신은 건축을 만들고 있는가, 사회적 코멘트를 하는 것인가, 아니면 영화의 각본을 쓰는 있는가를 나는 되묻게 된다."[103]

따라서 건축은 사회가 얼마나 구체적인지 되물을 수 있어야 한다. 우리는 사회가 건축에 앞서 구체적인 목적을 제안한다고만 생각하기 쉽다. 그러나 오히려 사회는 추상적이며 사회가 제시하는 프로그램도 추상적이다. 여기에 건축이 개입될 때 그 프로그램은 구체적인 것이 된다. 그러므로 건축의 구체적인 공간과 함께 논의될 때 사회의 추상적인 요구는 구체적인 현실이 될 수 있다. 건축에서 프로그램을 논하는 것은 건물 하나하나를 어떻게 잘 설계할까를 넘어 건축을 통해서 어떻게 실천할까를 묻는 것이다.

## 공간과 사건

### 침범

어떤 공간에도 사용자는 나타난다. 그러나 공간과 행위가 일치하는 않는 경우는 참 많이 있다. 탁월한 구성을 한 아야소피아Ayasofya는 오늘날 박물관으로 쓰인다. 의식은 사라졌으며 어느 누구도 그 안에서 기도하지 않는다. 거대하고 아름다운 돔과 그 사이로 들어오는 빛은 신의 영원한 모습을 변함없이 드러내고 있으며 거룩하게 쓰이던 제단도 그대로 있지만, 그 안에서는 미사가 일어나지 않는다. 신자는 관광객이 되었고 제단을 향해 봉헌하러 나가는 사람 대신 아름다운 장면을 찍으려고 카메라를 들고 이리저리 다니는 사람만 있다. 장엄한 건축 형태는 있지만 장엄한 미사는 안에서 일어나지 않는다. 공간과 행위가 일치하지 않는 것이 아니라 아예 이 공간 안에는 이렇다 할 행위가 없다.

건축은 기둥과 바닥과 벽과 지붕으로 이루어진 사물이다.

건축가는 이 사물을 짓기 위해 도면을 그리고 사진을 찍어 다른 사람에게 알린다. 그러나 그 건축물은 만드는 도면도 사물이고 그것을 찍은 사진도 사물이다. 세계는 무엇으로 이루어져 있을까? 이런 건축가들에게 루트비히 비트겐슈타인Ludwig Wittgenstein의 다음 말은 낯설게 들린다. "세계는 사실의 전체이지 사물의 전체가 아니다." 그의 말을 건축으로 환산하면 건축은 사물로 이루어진 물질이지만 그것이 다가 아니고, 그 안팎에서 일어나는 사실의 전체가 세계라는 뜻이다. 건축물은 행위에서 비롯하는 사건과 물리적으로는 현상인 사건을 담는 장치가 된다.

공간을 묻는 것과 공간을 경험하며 공간을 만들어내는 것에는 서로 양립하지 않는 어긋남이 생기는데, 베르나르 추미는 「건축의 침범Violence of Architecture」[104]이라는 글에서 이를 "침범violence"이라는 말로 표현했다. 건축적인 개념과 규칙에 따라 잘 만들어진 공간 안에서 사용자가 움직이는 것이 건축의 순수성을 해친다는 의미이다. 추미는 이것을 "공간을 침범하는 인체"라고 표현했다.

그러나 그가 말한 "건축의 침범"은 얼마든지 우리 현실에서 일어나고 있다. 자는 곳으로 만든 침실인데 사용자는 그 안에서 그림을 그릴 수도 있다. 연주를 마친 다음 잠시 머물라고 만드는 로비에서 행사 기간을 맞아 물건을 팔 수도 있다. 추미의 표현대로 "시스티나 경당에서 장대높이뛰기를 하는 것"이다. 만일 시스티나 경당에서 장대높이뛰기를 한다면 이것은 이 경당에 대한 모독이며 침범이다. 그렇지만 건축적 용어로 이것은 일종의 이벤트다. 그러나 이러한 일이 언제나 발생하는 것이 아니므로 사용자가 공간에 대해 저지르는 '침범'은 일시적이라고 말한다.

그런가 하면 공간이 사용자에게 저지르는 '침범'도 있다. 추미는 이것을 '인체를 침범하는 공간'이라고 말했다. 이것 역시 얼마든지 쉽게 발견된다. 복도와 방의 폭이나 높이가 아주 낮거나 좁아서 지나다니기에 불편하게 만들었다거나, 건축가가 공간을 지나치게 순수한 의도로 지어서 물건을 함부로 놓지 못하게 지시하는 것은 그 자체가 공간으로 사람에게 가하는 공간적 침범이다. 건축가들은 공간이라고 하면 매우 안정적이고 사람에게 희망을 주는 것으로만 생각하는 버릇이 있다. 그러나 추미의 말을 빌리면 잘못 설계된 공간으로 사람에게 가하는 불편함은 인체에 대한 공간적 침범이라 할 수 있다.

그래서 그는 이렇게 말한다. "첫째, 행동이 없는 건축은 없고, 사건과 프로그램이 없는 건축도 없다. 둘째, 나아가 침범이 없는 건축은 없다."[105] 다소 어렵게 들리지만 어떤 건축이든 사람의 행위가 있기에 존재하는 것이고, 따라서 사람들이 건축 안에서 하는 행위를 무시하면서 어떤 개념을 성립시키려고 하지 말라는 뜻이다. 또 건축에는 반드시 '침범'이 있다고 말한다. '침범'이라고 하니 조금 껄끄럽게 들린다. 먼저 건축을 만드는 사물의 논리와 그 안에서 행위를 하는 사람의 논리는 서로 독립적이다. 그런데 이 두 가지가 맞닥뜨릴 때는 서로가 다른 것을 '침범'한다. 곧 사람은 어떤 용도로 주어진 공간을 침범한다. 사물과 인체가 합치되지 못하고 서로 맞닥뜨릴 때 '사건event'이 생긴다고 말한다.

### 사건과 세 가지 프로그램

공간과 행위가 이렇게 상반적이니 두 가지가 서로 충돌하지 않도록 무난하게 처리하는 방식이 있다. 바로 재현이다. 재현은 예전에 많이 해오던 무언가를 일종의 약속 관계로 만들고 공간과 행위를 일정한 세트로 만들어 반복함을 말한다. 공간과 행위의 충돌을 완화하고 늘 지속되어온 것을 유지하는 것이다. 학교가 그래 왔으니 늘 그렇게 생각하자든가, 한옥에서 식사는 늘 그렇게 해왔으니 지금도 그렇게 생각하자는 것은 관습인 동시에 재현이다.

앞에서 말했듯이 사용자가 침실에서 그림을 그릴 수도 있다는 것은 공간과 행동이 독립적인 것이지만 무언가 상호관계가 있음을 말한다. 옛날에는 감옥으로 쓰였는데 박물관으로 바꾸거나, 공장을 커뮤니티 센터로 사용하는 등의 건물 유형의 사례로 보면 이런 생각은 이제는 당연하게 여기는 듯하다. 이것은 공간과 행위의 격차를 줄여서 사용하는 한 가지 예가 된다.

베르나르 추미는 68혁명과 앙리 르페브르Henri Lefebvre 등의 상황주의자Situationist의 영향을 받은 건축가였다. 그만큼 그의 '이벤트사건'와 '프로그램'은 매우 현실적인 경험에 준해 구상되었다. 그는 혁명 때 파리의 가로를 불법 점거한 일에 매료되었다고 회상한다.[106] 일반적으로 도로는 교통을 위한 공간이다. 그런데 이를 따르지 않고 시민이 가로를 불법 점거한 일은 건축적으로 프로그램을 다시 짠 것이다. 그리고 바리케이드는 도시에서 일어난 돌발적인 이벤트의 건축이라고 할 수 있다. 이것은 사용자가 자발적으로 새로운 기능을 발견한 것이며 도시계획에 대한 반역이었다. 1971년에는 폐쇄된 런던 철도역을 학생이 점거한 적이 있는데, 그들은 도시를 자유로이 이용하기 위해 낙서나 불법 점유라는 반사회적인 활동을 공간에 개입시켰다. 바로 이러한 경험이 공간의 이용과 의미의 문제를 추구하게 했다.

추미의 '이벤트'와 '운동'이라는 용어는 상황주의자의 언설과 1968년 프랑스 5월 혁명에 영향을 받은 것이다. "파리의 가로형태에 바리케이드를 쌓는 것기능은 그 똑같은 가로형태에 보행자로 있는 것기능과는 전혀 다르다. 로툰다Rotunda 안의 식당기능은 안에서 책을 읽거나 수영하는 것과 전혀 다르다. 여기에서는 형태와 기능 사이의 위계적인 관계가 모두 없어진다."[107] '가로'라는 형태는 '바리케이드'라는 기능으로, '가로'라는 형태는 '보행자'라는 기능으로 충돌되지 둘 사이의 편안한 관계는 없다는 말이다. 그는 이런 방식으로 형태는 기능을 따른다는 단순 공식은 무너졌으며, 현대 도시에서는 오히려 형태와 기능의 인과관계를 잃어버렸고 절단되었다고 말한다. "건축은 결코 자율적이지 않고, 순수한 형태로 존재하지 않으며, 마찬가지로 건축은 스타일의 문제가 아니며, 언어로 환원할 수도 없다."[108] 따라서 모더니즘의 연장도 포스트모더니즘의 복고적 취미도 아닌, 제3의 길로서 프로그램에 주목하고 이벤트를 발생시키는 것, 곧 '설계에 조건을 붙이는 것'이 아니라 '조건을 설계하는 것'인 건축의 프로그램을 제안하게 되었다.

교회 건물은 그대로 두고 안을 볼링장으로 바꾸는 경우라면 주어진 공간 배열 안에 의도하지 않은 프로그램이 사용된 것이다. 예배 공간을 볼링장으로 쓰는 것은 용도상 맞지 않는 듯하지만, 넓고 제법 높은 공간적인 성질로 충분히 사용할 수 있다. 다만 이 두 가지 프로그램은 수직선과 수평선이 교차하듯이 이전의 용도가 이미 묻어 있는 공간에 새로운 용도가 결합하게 된다. 그는 이를 '교차 프로그래밍crossprogramming'이라고 했다.

천체와 같은 천문 영상이 투영되는 극장인 플라네타륨planetarium과 승객을 높은 데로 끌어올렸다가 굉장한 속도로 레일 위를 달리는 제트코스터는 서로 양립할 수 없는 프로그램이다. 공간적인 배열도 다르고 정적인 용도와 동적인 용도 또한 상반된다. 이렇게 공간적으로나 용도상으로 상반되는 두 프로그램을 함께 결합하는 것을 '횡단 프로그래밍transprogramming'이라고 불렀다.

다른 방식이 하나 더 있다. "프로그램 A에 요구되는 공간배열을 프로그램 B와 그것에 가능한 공간 배열에 결합하는 경우다. 이때 새로운 프로그램 B는 프로그램 A에 포함되어 있던 모순점에서 나올 수 있다. B에 요구되는 공간 배열은 A에 적용될 수 있다."[109] 이를 '반프로그래밍disprogramming'이라고 불렀다. 런던 교외의 조용한 주택지에 세인트 폴 올드 포드St Paul's, Old Ford라는 작은 교회가 있다. 예배 기능의 일부는 남기고 뒷부분의 한가운데 대학 교실과 커뮤니티 센터를 두고 지붕 밑 공간에는 트레이닝 짐을 두었다. 부족한 공공 시설을 충족하기 위해 대담하게 건물을 전용한 예다. 교회 = '프로그램 A에 요구되는 공간 배열'을, 대학 교실과 커뮤니티 센터 및 트레이닝 짐 = '프로그램 B와 그것에 가능한 공간 배열'과 합친 것이다. "프로그램 A에 포함되어 있던 모순점에서 나올 수 있다."라는 것은 교회 신자가 줄어서 남는 교회 공간이며, 새로운 프로그램 B가 기적氣積이 큰 교회 A에 적용되었다. 반프로그래밍은 이런 예에 적용되는 프로그래밍이다.

### 표류와 전용

1960년대에는 프랑스나 독일의 68운동, 프라하의 봄, 미국의 반전 운동 등 세계 각지에서 젊은이들이 근대의 모순을 비판하며 봉기했다. 이 시기에 프랑스는 거주환경이 열악해지고 있었다.

앙리 르페브르는 도시란 자본주의에서 생긴 공간의 모순이 집중하는 곳이라고 보았다. 문화나 생활과 관련된 사용가치는 사라지고 대신에 경제적인 교환가치가 자리 잡게 되면서 도시가 쇠퇴했다고 했다. 르페브르는 『도시의 권리Le Droit a la Ville』, 프랑스 철학자 기 드보르Guy Debord는 『스펙터클의 사회La Société du Spectacle』 등을 출간했는데, 이런 움직임 속에서 건축가의 사회적인 역할을 다시 묻기 시작했다.

르페브르는 "건축가와 건축은 사회적 행위인 사는 것과 실천인 건설과 직접적인 관계가 있고, 근대 도시계획은 공간을 잘라내고 세분해버림으로써 사람을 따로 떼어놓을 것이 아니라, 공간과 시간의 단위를 모아 다시 구성하는 도시에 대해 권리를 가져야 한다."고 주장했다.

1960년대의 상황주의자 인터내셔널Situationist International의 기 드보르와 콘스탄트 뉴언하이스Constant Nieuwenhuys도 건축과 도시계획에 대하여 급진적인 비판을 가했다. 상황주의자의 지도자인 기 드보르는 『스펙터클의 사회』에서 "자본주의적 생산양식이 공간을 통일하고 …… 토지를 갖춘 자율성의 질을 해체시키는 것"이며, "도시 개발은 …… 자본주의에 의한 자연적, 인간적 환경의 점유다."라고 규탄했다. 지리적인 거리는 잃게 되었고 관광의 소비가 생겼으며, 땅은 평범해지고 여행은 공간의 현실성을 잃어버렸다고 비판했다. 이런 가운데 그들은 도시의 무의식이나 새로운 욕망에 주목했다. 일상생활을 실천하는 터전인 도시 공간의 상황을 구축하고자 했다.

이들이 크게 비판한 것은 코르뷔지에 등이 주장했던, 생활을 조각내고 자본주의에 봉사하는 기능주의 도시계획이었다. 생활의 전체성을 회복하려면 야간에 공원을 개방한다든지, 기존의

미술관을 없애고 그 대신에 길이나 술집에서 전시한다든지, 폐쇄된 교도소에 외부 사람이 자유로이 드나들 수 있게 하여 지명地名과 가로의 이름을 바꿈으로써 도시를 변혁시키자고 했다. 건축이 새로운 조형의 옷을 입는다고 되는 일들이 아니었다. 여기에 다시 자동차 교통 위주의 도시계획 지도를 부정하고 새로운 독자적인 지도 그리기mapping를 시도함으로써 도시를 물리적인 존재가 아니라 심리지리학적으로 전개하는 수법으로 생각했다. 이것은 1960년에 출간된 케빈 린치의 『도시의 이미지Image of City』와 비슷한 데가 있다. 그러나 그들은 행동으로 이를 주장했다.

상황주의자가 도시에 개입하는 구체적인 방법으로는 '표류漂流'와 '전용轉用'이 있다. '표류'는 프랑스어로 '데리브dérive', 영어로 '드리프트drift'다. 도시는 지형이나 건축물로만 만들어지는 것이 아니다. 도시는 다양한 상황의 간섭에서 생긴다. 도시에서 사람은 일상생활 속에서 헤매기도 하고 목적 없이 표류하며 방황하기도 한다. 도시에 사는 사람은 이러한 방향 상실의 감각을 공유하고 있다. 합리적으로 생각하는 기능주의적인 도시계획에서는 이러한 측면이 처음부터 아예 배제되어 있었다. 평균적인 시민은 목적을 향해 시간을 낭비하지 않는 경로를 습관적으로 선택한다.

'표류'란 가로에서 벌어지는 나날의 생활 속에서 감정의 물매와 신체 감각을 발견하고 이를 주관과 객관 사이에서 기술하는 행위다. 이는 수동적으로 공간을 관통하고 움직이면서 일상생활의 전체성을 해석하려는 시도이다. 낯선 곳을 찾아갈 때 처음에는 불안해하지만 조금씩 익숙해져 가는 감각을 이해하면 된다. 따라서 객관적인 데이터에 의존하지 않는다. 또 그저 편안하게 여행하거나 산보하는 것을 뜻하는 것이 아니다.

〈벌거벗은 도시The Naked City〉라는 그림•이 있다. 1969년 기 드보르와 덴마크 화가 아스가 요른Asger Jorn이 파리를 그린 그림이다. 이 그림은 당연히 직교 좌표로 그려져 있지 않고, 보행자의 감정 기복이라든지 역사적 유산이 지니는 중요성, 가로를 특징짓는 디테일의 집적 등을 여러 수법으로 그렸다. 그들은 실제 파리지도를 잘라서 다시 배치하고 정신적으로 가깝다고 여기는 장소를 화살표로 이었다. 그러니까 이 그림은 주관적인 도시상을 객관화하려 한 것이다. 그들은 도시란 한 사람 한 사람의 인식, 복수의 작은 그룹이 우연적으로 도시에서 방황하는 경험으로 성립한다고 보았다. 여기에서는 위치가 아니라 도시 네트워크가 끊긴 곳을 인식하는 것이 더욱 중요하다. 이러한 과격한 표명은 넓게 보면 주민 참여 건축을 예언한다. 그리고 가로의 주거화는 상품화되는 거주 공간에 대항하는 것이었다.

'전용'은 사물을 본래의 장소에서 빼내어 새로운 가치 창조를 지향함을 말한다. 이는 교회 건물 안을 볼링장으로 바꾸는 '교차 프로그래밍'과 비슷한 면이 있다. 지하철이나 공원, 박물관이나 교회를 도시의 스펙터클한 장치로 바꾼다든지 도시의 흐름을 유도하는 시설로 바꾸는 것이다. 파리의 라빌레트 공원Parc de la Villette처럼 옛 도살장을 공원으로 바꾸는 것과도 같다. 이는 예정조화적인 근대주의의 어버니즘urbanism이 아닌 무언가 어긋남에서 발견되는 이화작용異化作用으로 건축과 도시를 생각하게 한다.

네덜란드의 예술가이자 건축가인 콘스탄트 뉴언하이스는 건축가가 형식의 구축자가 아니라 환경의 구축자여야 한다는 입장에서, 균질한 감시 사회에 저항하는 미궁 같은 '뉴 바빌론 계획New Babylon, 1956-1974'을 만들었다.[110]

공간은 이동 가능한 벽으로 분할되고 사람들은 커다란 돔 밑에서 유목민 생활을 한다. 그리고 이런 사람들이 스스로 도시를 건설한다. 그는 자동차를 행복하지만 빈곤한 부르주아적 사물이라고 보았다. 자동차로 교통 공간을 누비고 자기 집에서 쉬는 것은 놀이를 잃어버린 삶이라고 지적했다. 자동차 위주의 도시는 주거를 고립시키고 이를 녹지로 보완한 도시계획이 된다는 것이다. 그래서 그는 집합 주택을 공중에 매달고 지하에 교통망을 채워서 지상을 해방하여 사람들을 표류하게 했다. 이것은 1960년대의 거대 고층 건물의 선구가 되었다. 그런데 이보다 더욱 중요한 것은 오늘의 현대사회 특징인 이동하는 사회에 대하여 도시가 크고 작은 공공 공간, 사회적 공간을 어떻게 만들어내는가를 일찍이 예언하고 대안을 제시했다는 점이다.

## 다이어그램 건축

### 정보가 압축된 그림

다이어그램diagram은 2차원 또는 3차원의 기하학적인 심볼로 정보를 시각화하는 기술이다. 다이어그램은 정보를 압축하여 전달하는 매체 역할을 한다. 건축설계에서는 요구받은 기능을 단순하게 정리하는 버블 다이어그램이라고도 부르는 기능 다이어그램도 있고, 역학적이고 기술적인 조건을 모델로 만든 구조 다이어그램도 있다.

기능 다이어그램은 평면의 공간구성으로 바뀌고 구조 다이어그램은 단면의 도식으로 바뀐다. 프로그램은 주로 글로 기술되지만, 다이어그램은 시각적인 도형이나 그림으로 프로그램이 어떤 관계에 있는지 보여준다. 또 다이어그램은 최종 결과물이 어떤 배경과 논리에 따라 설계되었는지를 설명할 때 잘 그려진다.[111]

그런데 어떤 건축물의 설계를 시작할 때 제일 마지막에 지어질 건물의 모양을 먼저 그리고 있다면 최종적인 형상을 위해 건축을 설계하는 것이다. 그런데 설계를 시작할 때 주어진 조건과 프로그램을 공간적으로 어떻게 해석할 것인가, 그것이 어떤 조직을 가진 것인가, 건물의 공간 전체를 꿰뚫는 흐름이 있다면 그것은 과연 어떤 모습으로 나타날 것인가를 생각한다면, 이에 적절하며 간단한 그림을 추상적으로 그리게 된다. 여기에 대지 주변의 교통량, 분양을 위한 복잡한 데이터 등을 간결한 도형을 만들어 대입하면 그 앞에 만든 여러 도형들이 수정되며 형태 변화를 일으키게 된다. 이런 과정에서 나타나는 크고 작은 간결한 도형이 모두 다이어그램인데, 이는 건축학과 저학년의 설계에서도 이미 곧잘 사용되는 방식이다.

MVRDV가 설계한 네덜란드 위트레흐트Utrecht의 더블 하우스Double House가 있다. 이 대지를 구입한 부부는 알맞은 건물을 세울 수 없다고 여기고 다른 부부를 찾아 공동으로 이 대지에 집을 세우기로 했다. 두 부부 모두 공원에 면하여 가장 좋은 전망을 얻는 것, 그리고 길이나 정원이나 옥상에 쉽게 갈 수 있으면 좋겠다는 조건이 있었다. 두 부부가 점하는 공간이 서로 관계를 맺으면서도 독립하는 계획이었다.

1997년 완성된 건물에서는 한쪽 부부는 1층에 주차장, 2층에 리빙 룸과 다이닝 키친을 갖고, 다른 부부는 1층에 정원으로 열린 다이닝 키친, 3층에 리빙 룸을 가졌다. 상층에는 침실이 놓였다. 이것은 두 집이 서로 다른 요구를 타협하면서 전체를 구성하는 다이어그램으로 얻어졌다.

그런데 소방법에서는 2층 높이를 넘는 볼륨을 인정하지 않았는데, 이 규칙을 문자 그대로 해석하면 대각선으로 열린 두 개의 볼륨을 금지하는 것이 아님을 알게 되었다. 이것으로 두 개의 주거를 나누는 벽을 지그재그로 꺾은 층을 구성하는 안을 생각하게 되었다. 그 결과 계층화되어 있으면서도 입체적으로 연속하는 공간을 만들고, 최소의 면적으로 최대의 볼륨을 얻게 되었다.

이 계획의 다이어그램•을 보면 실제의 크기와 구체적인 형상을 그린 것이 아니다. 단지 볼륨의 관계, 구조, 차이만이 그려져 있다. 그러면서도 이 추상적인 그림 안에 주택을 설계하는 데 중요한 현실적인 정보가 모두 압축해 들어 있다. 게다가 그림 밑에 적은 짧은 문장으로 이 간단한 그림이 무엇을 위해 그려진 것인지 금방 알 수 있다. 그런데도 이 그림은 아직 결정되지 않은 모호함을 가지고 있다. 다음 단계로 변화될 가능성을 늘 가지고 있다. 그림 자체가 생성의 구조로 되어 있는 것이다. 다 지어진 집을 보면 다이어그램을 통해 고려된 조건이 그대로 나타나 있다.

순환 공간은 순환 다이어그램으로 해석하여 순환의 형식을 갖기도 한다. FOA가 요코하마 국제 여객선 터미널을 설계할 때 가장 먼저 등장한 것은 "No-return diagram"이라 부른 순환 다이어그램이었다.[112] 교통 시설인 이 건물이 움직임의 장으로서 작동하는 건물에서 발상한 다이어그램이 정해지고 나서 교통 시설인 이 건물이 움직임의 장으로서 작동하는 건물에서 발상한 다이어그램이 정해졌다. 그러나 이 다이어그램은 전기회로 도형에서 가져온 것이다. 그리고 그 다음에 표면을 해결하고 그 다음 프로그램을 배당했다. 이렇게 거대한 건축물은 형태나 상징으로 시작한 것이 아니라 '흐름'의 다이어그램에서 시작했다.

## 잠재적 생성 논리

'다이어그램'은 시각적인 표현 자체가 목적이 아니다. 다이어그램은 습관적인 수법으로 공간 도식에 따라 건축적인 기호로 만들거나, 건축과 관련된 사회제도에 얽매인 고정 개념에 그대로 머무르거나, 또는 건축가 개인의 이미지와 표현 의지에 따라 공간을 만드는 방식을 따르지 않기 위한 것이다. 다이어그램은 형태에 대한 기능, 내용에 대한 형태라는 인습적인 이분법을 피하려고 한다.

다이어그램은 건축이 갖추어야 할 기능적인 조건을 공간적으로 바꾼 다음 그것을 그대로 실체로 만드는 방식을 말한다. 그렇게 함으로써 보수적인 사회제도에서 벗어나 건축의 새로운 가능성을 발견할 수 있고, 또한 건축가 개인의 자의적인 표현에 따른 구상에서도 벗어나기 위한 수단으로 사용된다. 따라서 다이어그램은 건축의 기능을 기존의 관습적인 구속에서 벗어나 기능이 본래 지니는 가능성을 찾기 위한 것이며, 다이어그램이 지니는 시각적, 공간적 특성을 직접 연결함으로써 기능과 형태의 새로운 접근 방식을 보여주기 위한 수법으로 볼 수 있다.

기능 다이어그램은 그대로 건축의 공간이 되는 것이 아니라 중간에 복잡한 과정이 개입하게 되어 있다. 건축에서 다이어그램은 평면이 아니다. 그런데 건축의 평면에는 전체를 통합하는 제도의 힘이 들어 있다. 평면에서는 건축계획적인 고려도 해야 하고 고정된 사회제도의 요구를 들어주어야 하며 건축가나 건축주가 생각하는 자의적인 이미지나 관념을 표현의 대상으로 삼기도 한다.

그러니 다이어그램이 객관적으로 정보를 왜곡하게 된다.

그림을 생각하는 것과 현실적인 건축물을 생각하는 것에는 차이가 없다. 세워지는 건물은 현실적인 존재이고 도면은 형식만 있는 존재인데, 건축가는 도면을 그려 현실의 건물을 세우는 사람들이다. 그렇다면 현실적인 존재와 도면이라는 형식 사이에는 어떤 관계가 있는 것일까?

다이어그램을 사용하면 계획할 때 이전부터 있던 관념이나 사회의 이데올로기를 배제하는 방법을 택할 수 있다. 그렇다고 다이어그램은 'A 다음에는 B가 된다.'라는 단순 논리를 따르지 않으며 반대로 건축의 다양한 관점을 압축해 표현할 수 있다. 이런 까닭에 네덜란드 건축가 벤 판 베르컬Ben van Berkel은 건축의 다이어그램을 이렇게 말했다.

"건축에서는 다이어그램이란 말로 하지 못하는 랜덤하고 직관적이며 주관적인 본질을 옮겨주는 것이며, 관념이나 이데올로기와는 단절된 것이다. 이런 본질은 선적인 논리에 구애받지 않아서, 물리적이고 구조적이며 공간적이고 기술적이다. 이런 점에서 다이어그램을 추상 기계로 여기고 가상의 조직체로 기술한 질 들뢰즈의 책에서 건축은 크게 영향을 받았다."[113]

다이어그램은 공간 안에서 일어날 것으로 예측하는 행위를 추상적으로 요약한 것이 많다. 그런데 다른 조건을 덧붙이지 않고 그런 다이어그램을 그대로 공간으로 해석하기도 한다.[114] 이렇게 되면 건축은 선은 선인 채로 면은 면인 채로 추상성이 연속하게 된다. 추상적인 공간 도식이 그대로 건축 공간이 되면 사람과 공간의 관계가 더욱 직접적으로 된다. 공간과 도면의 차이가 있게 마련이지만, 다이어그램 건축에서는 그런 차이가 사라진다. 도면화하기 전의 다이어그램이 그대로 평면도로 그려져 있는 듯 보이고 이것이 실제의 건축으로 옮겨진다. 그러면 실제로 세워진 건물도 추상적인 도면과 공간의 어긋남이 없어진 것처럼 느껴진다.

이와 같이 건축이 갖추어야 할 기능적인 조건을 공간으로 직접 바꾼다는 것은 새로운 공간과 신체, 그리고 바뀌어가는 현실의 생활만을 다룬다는 의미다. 곧 현대 도시 생활의 현실 또는 가까운 미래의 생활이 직접 건축에 투영되도록 하겠다는 생각이다. 그렇다면 다이어그램은 건축가 개인이 주관적으로 바라보는 사회에 대한 직관적인 관점이라 할 수 있다. 다이어그램은 사물이 세상에서 작용하는 방식에 대한 추상적인 모델이고, 가능한 세계에 대한 지도이기도 하다.

다이어그램은 설계자나 다른 사람에게 형태, 구조, 프로그램을 분명히 하고 설명하기 위한 것이다. 다이어그램은 내 생각과 계획을 남에게 객관적으로, 그러나 그 안에는 주관적 판단을 포함하여 설득하는 유력한 도구로 사용된다. 건축의 요구 사항을 관계로 도해하고 이를 다이어그램으로 해석하면, 이런 조건에서 이런 공간을 만들게 되었다고 설득하는 힘을 얻게 된다. 간명하게 조건과 해석을 나타내기 때문이다.

다이어그램의 일차적인 유용성은 조직organization에 관해 생각하기 위한 추상적인 수단이다. OMA는 조건을 프로그램으로 해석할 때 '다이어그램'의 수법을 사용한다. 다이어그램은 대지나 그 주변의 관계를 알기 쉽게 도해하며, 건물 안에서 일어나는 사건을 공간마다 정하고 조합하는 방식을 표현한다. 또 도시의 여러 활동을 시간 축으로 표현하며, 복잡하게 얽혀 있는 조건과 요소를 정리하여 시각적으로 표현해 이를 설계의 단서로 삼는다. 다이어그램이 건축설계에서 하는 역할은 참 많다.

건축에서 조직이란 프로그램을 공간 안에 배열하는 것이다. 다이어그램은 이러한 조직을 만드는 데 유용하다. 다이어그램의 변수로는 공간, 이벤트, 힘, 저항, 밀도, 분배, 방향 등 형태적인 배열과 프로그램의 해석에서 나온 배열이 포함된다. 아주 쉬운 것은 다이어그램을 그대로 건물로 바꾸어놓는 경우가 많다. 옆으로 되어 있는 다이어그램을 돌려서 건물의 입면도로 삼거나, 아니면 그대로 사용하여 평면도로 사용하는 것이다.

다이어그램은 사전에 정해진 바를 따라가지 않고 반대로 현재의 조건과 앞으로 전개될 새로운 상황을 기술할 수 있게 해준다. 다이어그램에는 다양한 복수의 기능과 시간에 따라 나타나는 액션이 잠재되어 있어서 분명히 표현되지는 않는다. 다이어그램이 전개하는 배열은 물질의 묶음이 공간 안에서 순간적으로 나타나는 것이지만 계속하여 수정된다. 따라서 다이어그램은 그 자체로는 사물이 아니고, 요소 사이의 잠재적인 관계에 대한 기술이다. 다이어그램은 건축가의 생각을 시각적으로 표현하면서 건축 공간을 생성하는 논리를 발견해가는 데 유리하다.

주석


1 Rafael Moneo, *The Murmer of the Site*(ラファエル・モネオ,'場所(サイト)の呟き'), 浅田 彰 (監修), NTT出版 (編集), Anywhere 空間の諸問題, NTT出版, 1994, p. 52.

2 Jan Hochstim, *The Paintings and Sketches of Louis I. Kahn*, Rizzoli, 1991, p. 30.

3 "Architecture always depends on things that are already there." Simon Unwin, *Analysing Architecture*, Routledge, 2003, p. 61.

4 Frank Lloyd Wright, *An American Architecture*, Horizon Press, 1955, p. 20.

5 Louis Kahn, *Light Is the Theme: Louis I. Kahn and the Kimbell Art Museum*, Kimbell Art Museum, 1975, p. 53.

6 Clemens Steenbergen, Wouter Reh, *Architecture and Landscape: The Design Experiment of the Great European Gardens and Landscapes*, Prestel-Verlag, 1996, p. 17.

7 이우환 지음, 김혜신 옮김, 『만남을 찾아서』, 학고재, 2011.

8 Ricardo Legorreta, *The Architecture of Ricardo Legorreta*, Univ of Texas, Ernst & Sohn, 1990, p. 67.

9 〈내 생애 처음 지은 집〉, SBS, 2012년 9월 2일 방영.

10 Paul Oliver, *Dwellings: The Vernacular House Worldwide*, Phaidon Press, 2007, p. 182.

11 石毛直道, 住居空間の人類学, 鹿島出版会, 1971, pp. 262-263.

12 Pierre von Meiss, *Elements of Architecture: From Form to Place*, Van Nostrand Reinhold, 1986, p. 134(피에르 폰 마이스 지음, 정인하, 여동진 옮김, 『형태로부터 장소로』, 시공문화사, 2000)

13 Michel de Certeau, *The Practice of Everyday Life*, University of California Press, 1984.

14 David Harvey, "From Space to Place and Back Again", *Justice, Nature and the Geography of Difference*, Malden, MA: Blackwell, 1996, pp. 291-326.

15 Yi-Fu Tuan, "Introduction", *Space and Place: The Perspective of Experience*, University of Minnesota Press, 1977, p. 3.

16 Yi-Fu Tuan, *Cosmos and Hearth: A Cosmopoliteŏs Viewpoint*, University of Minnesota Press, 1999.

17 ミルチャ・エリアーデ, 聖と俗—宗教的なるものの本質について, 法政大学出版局, 1969, p. 162(Mircea Eliade, *The Sacred and the Profane: The Nature of Religion*, Willard R. Trask trans, Harper Torchbooks New York, 1961)

18 Aldo Rossi, *The Architecture of the City*, The MIT Press, 1982, p. 70.

19 Yi-Fu Tuan, "Introduction", *Space and Place: The Perspective of Experience*, University of Minnesota Press, 1977, pp. 3-7.

20 Richard Serra, Clara Weyergraf-Serra, *Richard Serra, Interviews, Etc., 1970–1980*, The Hudson River Museum, 1980, p. 181.

21 Vincent Scully, *The Earth, the Temple, and the Gods: Greek Sacred Architecture*, Yale, 1961, pp. 1-2.

22 ハンス・ゼードルマイヤー (著), 石川公一, 阿部公正(訳), 中心の喪失—危機に立つ近代芸術, 美術出版社, 1965, p. 124(한스 제들마이어 지음, 박래경 옮김, 『중심의 상실: 19, 20세기 시대 상징과 징후로서의 조형 예술』, 문예출판사, 2002, Hans Sedlmayr, *Verlust der Mitte: Die bildende Kunst des 19. und 20. Jahrhunderts als Symptom und Symbol der Zeit*, Otto Mueller Verlag, 1948)

23 ハンス・ゼードルマイヤー (著), 石川公一, 阿部公正(訳), 中心の喪失—危機に立つ近代芸術, 美術出版社, 1965, p. 110.

24 エル・リシツキー, '未来とユートピア', 革命と建築, 阿部公正(訳), 彰国社, 1983, p. 64(El Lissitzky, *Russland: Die Rekonstruktion der Architektur in der Sowjetunion*, 1930)

25 Le Corbusier, pl. 64, *Precisions: On the Present State of Architecture and City Planning*, Edith Schreiber Aujame(trans.), The MIT Press, 1991, p. 78.

26 Beatriz Colomina, *Privacy and Publicity: Modern Architecture as Mass Media*, The MIT Press, 1996, p. 318.

27 ハンス・ゼードルマイヤー (著), 石川公一, 阿部公正(訳), 中心の喪失—危機に立つ近代芸術, 美術出版社, 1965, p. 69(한스 제들마이어 지음, 박래경 옮김, 『중심의 상실: 19, 20세기 시대 상징과 징후로서의 조형 예술』, 문예출판사, 2002)

28 에드워드 렐프 지음, 김덕현, 김현주, 심승희 옮김, 『장소와 장소 상실』, 논형, 2005.

29 나카무라 유지로 지음, 박철은 옮김, 『토포스Topos: 장소의 철학』, 그린비, 2012.

30 르네상스 이후의 서구 세계에서는 이러한 '토피카'가 모습을 감추었다. 개인이 공동체에서 독립하려면 역사나 전통, 기억을 지워야 했고 기억이 집적되는 장소인 토포스는 부정되었다. 근대 과학의 기계론적 사고와 데카르트적 '방법'이 그 자리를 차지하게 되었다.

31 Frank Lloyd Wright, *An American Architecture*, Horizon Press, 1969, p. 202.

32 같은 책.

33 Le Corbusier, *Vers une Architecture*, Editions Flammarion, 1995(1923), p. 156.

34 같은 책, p. 151.

35 Steven Holl, *Anchoring*, Princeton Architectural Press, 1991, p. 9.

36 같은 책, pp. 9-10.

37 Yi-Fu Tuan, *Topophilia: A Study of Environmental Perception, Attitudes, and Values*, Columbia University Press, 1974.

38 Christian Norberg-Schulz, *Genius Loci: Towards a Phenomenology of Architecture*, Academy Editions, 1980, p. 83.

39 리차드 웨스턴 지음, 김광현, 서울대건축의장연구실 옮김, 『건축을 뒤바꾼 아이디어 100』, 시드포스트, 2012, 91쪽.

40 Christian Norberg-Schulz, *Genius Loci: Towards a Phenomenology of Architecture*, Academy Editions, 1980, pp. 6-23.

41 같은 책, p. 14.

42 Susanne K. Langer, "The Modes of Virtual Space", *Feeling and Form: A Theory of Art*, Charles Scribner's Sons, 1953, p. 99.

43 Kenneth Frampton, *Modern Architecture: A Critical History*(3rd ed.), Thames & Hudson, 1992, p. 327(케네스 프램튼 지음, 송미숙 옮김, 『현대 건축: 비판적 역사』, 마티, 2017)

44 Kenneth Frampton, *Towards a Critical Regionalism: Six Points for an Architecture of Resistance*, in Hal Foster(ed.), *The Anti-Aesthetic: Essays on Postmodern Culture*, The New Press, 1983, pp. 16-30.

45 Ignasi de Solà-Morales, *Terrain Vague*(テラン・ヴァーグ), NTT出版インターコミュニケーション編集, Anyplace—場所の諸問題, NTT出版, 1996, pp. 118-123.

46 Eduard Bru, *Three On Site*, Actar, 1997, pp. 45-46.

47 Ignasi de Solà-Morales, *Terrain Vague*(テラン・ヴァーグ), NTT出版インターコミュニケーション編集, Anyplace—場所の諸問題, NTT出版, 1996, p. 132.

48 Marc Augé, *Non-Places: An Introduction to Supermodernity*, Verso, 1995.

49 伊東豊雄, "アンドロイド的身体が求める建築", 風の変様体ー建築クロニクル, 青土社, 1989, p. 464.

50 Ignasi de Solà-Morales, *Place: Permanence or Production*(イグナシ・デ・ソラ・モラレス、場所ー不変と生産の間で), 浅田 彰 (監修), NTT出版 (編集), Anywhere 空間の諸問題, NTT出版, 1994, p. 52.

51 Bernard Tschumi, *Architecture and Disjunction*, The MIT Press, 1994, pp. 258-259.

52 石毛直道, 住居空間の人類学, 鹿島出版会, 1971, p. 233.

53 Susanna Cros(ed.), "Place of Places", *The Metapolis Dictionary of Advanced Architecture: City, Technology and Society in the Information Age*, Actar, 2003, p. 480.

54 Eduard Bru, *Three On Site*, Actar, 1997, p. 48.

55 Alessandra Latour(ed.), "Toward a Plan for Midtown Philadelphia(1953)", *Louis I. Kahn: Writings, Lectures, Interviews*, Rizzoli, 1991, p. 28.

56 アリソン・スミッソン(著), 寺田秀夫(訳), チーム10の思想, 彰国社, 1970, p. 97(Alison Smithson(ed.), *Team 10 Primer*, Studio Vista, 1970)

57 Alessandra Latour(ed.), "Silence and Light (1969)", *Louis I. Kahn: Writings, Lectures, Interviews*, Rizzoli, 1991, p. 240.

58 같은 책, pp. 234-246.

59 Dung Ngo 지음, 김광현, 봉일범 옮김, 『루이스 칸, 학생들과의 대화』, 엠지에이치앤드맥그로우힐한국, 2001, 29쪽.

60 Heinz Ronner, *Louis I. Kahn: Complete works, 1935–74*, Birkhauser, 1987, p. 363.

61 같은 책, p. 364.

62 Christian Norberg-Schulz, *The Concept of Dwelling: On the Way to Figurative Architecture*, Electa/Rizzoli, p. 7.

63 Christian Norberg-Schulz, *Genius Loci*, Rizzoli, 1980.

64 Christian Norberg-Schulz, *The Concept of Dwelling: On the Way to Figurative Architecture*, Electa/Rizzoli, p. 13.

65 Martin Heidegger, "IV. Building Dwelling Thinking", *Poetry, Language, Thought*, Albert Hofstadter(trans.), Harper & Row, 1971, pp. 143-161. 1951년 다름슈타트 회의에서 열린 강연. 이 강연회는 건축가 오토 바르트닝Otto Bartning이 회장이었던 독일공작연맹이 주최했다. 이 강연회는 '인간과 공간'이라는 이름의 건축 전시회와도 관련이 있었다.

66 하이데거를 선공하는 철학자들도 이를 "건축함, 거주함, 사유함"으로 번역하고 있다. 박찬국, 『삶은 왜 짐이 되었는가』, 21세기북스, 2017, 209, 223쪽. 그러나 이러한 해석은 '짓기'의 의미를 잘 모르기 때문인 듯하다. "하이데거는 이와 같이 건축 작품이 모아들이는 사역의 소리에"라고 '짓기'를 건축 작품으로 바꾸어 해석하고 있있다. 그러나 하이데거는 다리에 대해 말했지, 건축 또는 건축 작품을 말하지 않았다.

67 Martin Heidegger, "IV. Building Dwelling Thinking", *Poetry, Language, Thought*, Albert Hofstadter(trans.), Harper & Row, 1971, p. 151.

68 Hilde Heynen, *Architecture and Modernity: A Critique*, The MIT Press, 1999(힐데 하이넨 지음, 이경창, 김동현 옮김, 『건축과 현대성』, Spacetime, 2008)

69 "많은 공적이 있다 할지라도, 그러나 이 땅 위에서 사람은 시적으로 거주한다. Full of merit, yet poetically, man. Dwells on the earth."

70 Martin Heidegger, *Poetry, Language, Thought*, Harper & Row, 1971, p. 220.

71 같은 책, p. 160.

72 Hilde Heynen, *Architecture and Modernity: A Critique*, The MIT Press, 1999, p. 160.

73 K. Michael Hays(ed.), "Eupalinos or Architecture", *Architecture Theory Since 1968*, The MIT Press, 2000, pp. 394-406.

74 Karsten Harries, *The Ethical Function of Architecture*, The MIT Press, 1998, pp. 144-149.

75 オットー・フリードリッヒ・ボルノウ, 大塚恵一(訳), 人間と空間, せりか書房, 1977, p. 120(Otto Friedrich Bollnow, *Mensch und Raum*, Kohlhammer W., GmbH, 1963)

76 Martin Heidegger, "IV. Building Dwelling Thinking", *Poetry, Language, Thought*, Albert Hofstadter(trans.), Harper & Row, 1971, p. 161.

77 야마자키 료 지음, 민경욱 옮김, 『커뮤니티 디자인』, 안그라픽스, 2012, 77쪽.

78 안도 다다오 지음, 김광현 감수, 이규원 옮김, 『나, 건축가 안도 다다오』, 안그라픽스, 2009. 감수 서문.

79 주거학회라고 할 때 'housing'이라는 단어를 사용하지만, 국제연합인간거주회의라고 하면 'Human Settlements'라고 표현한다. 'settlement'가 거주의 의미와 더욱 가깝기 때문이다.

80 'dwelling'이라는 단어가 주거지나 주택을 나타낼 때도 있다. 이때는 단독 주택이나 아파트 이외에 기숙사, 오두막집과 같이 주택이 아닌 것을 포함한 정주의 주거를 가리키기도 한다.

81 김광현, 『건축 이전의 건축, 공동성』 「거주가 불가능한 도시의 주거」, 공간서가, 2014, 132-146쪽.

82 Alessandra Latour(ed.), "Two Houses", *Louis I. Kahn: Writings, Lectures, Interviews*, Rizzoli, 1991, p. 60.

83 김광현, 『건축 이전의 건축, 공동성』 「거주가 불가능한 도시의 주거」, 공간서가, 2014, 132-146쪽.

84 Gerardus van der Leeuw, *Sacred and Profane Beauty: The Holy in Art*, David E. Green(trans.), Weidenfeld and Nicolson, 1963, p. 209.

85 Alessandra Latour(ed.), "Silence and Light(1969)", *Louis I. Kahn: Writings, Lectures, Interviews*, Rizzoli, 1991.

86 Walter Gropius, *Rebuilding Our Communities*, Paul Theobald, 1945.

87 巽和夫、高田光雄, 都市型ハウジングシステムの展開, カラム 114号, 1989. 10., pp. 25-33.

88 Herman Hertzberger, *Lessons for Students in Architecture*, 010 Publishers, 2005, p. 12.

89 같은 책, p. 14.

90 최원아, 강재혁, 2016년 서울대 건축학과 대학원 '건축론연구' 수업 발표 리포트.

91 Herman Hertzberger, *Lessons for Students in Architecture*, 010 Publishers, 2005, p. 15.

92 헤르만 헤르츠베르허도 사회적 공간social space과 집합적 공간collective space이라는 용어를 사용하고, 여기에서 인용한 마누엘 데 솔라모랄레스의 문장도 인용하고 있다. 그러나 이를 더 상세하게 다루고 있지는 않다. Herman Hertzberger, *Space and the Architect: Lessons for Students in Architecture 2*, 010 publishers, 2000, pp. 134-137.

93 「특집/야마모토 리켄」, 《월간 건축문화》 231호(2000. 8)

94 Florian Haydn, Robert Temel(ed.), *Temporary Urban Spaces: Concepts for the Use of City Spaces*, Birkhauser, 2006, pp. 25-26.

95 中井久夫, 世に棲む患者세상에 깃드는 환자, 中井久夫 コレクション 1巻, 筑摩書房, 2011, pp. 8-38.

96 Dung Ngo 지음, 김광현, 봉일범 옮김, 『루이스 칸, 학생들과의 대화』, 엠지에이치앤드맥그로우힐한국, 2001, 32쪽.

97 Herman Hertzberger, *Time–based Architecture*, 010 Publishers, 2005, pp. 82-84.

98 アリソン・スミッソン(著), 寺田秀夫(訳), チーム10の思想, 彰国社, 1970, p. 47(Alison Smithson(ed.), *Team 10 Primer*, Studio Vista, 1970)

99 磯崎新, 建築の解体, "セドリック・プライス-システムのなかに建築を消去する", 美術出版社, 1975, pp. 139-174.

100 파울 프랑클 지음, 김광현 옮김, 『건축형태의 원리』, 기문당, 1989, 251쪽.

101 이것은 프랑스적 모뉴먼탤리티를 강조한 페로의 당선안과 대조를 이룬다.

102 Susanna Cros(ed.), "program", *The Metapolis Dictionary of Advanced Architecture: City, Technology and Society in the Information Age*, Actar, 2003, p. 499.

103 TNプローブ編, "マテリアル・シティ——現代都市の実践に関する諸考察", アレハンドロ・ザエラ = ポロ, 都市の變異, NTT出版, 2002, p. 169.

104 Bernard Tschumi, "Violence of Architecture", *Architecture and Disjunction*, The MIT Press, 1994. 이를 '건축의 폭력성'이라고 번역한 글이 많으나 '건축의 침범'이 맞는 표현이다.

105 같은 책, p. 121.

106 같은 책, p. 5.

107 같은 책, p. 255.

108 같은 책, p. 3.

109 Bernard Tschumi, *Architecture and Disjunction*, The MIT Press, 1994, p. 205.

110 콩스탕, 「다른 삶을 위한 다른 도시」 「통합된 도시계획」, Tom Avermaete , Klaske Havik, Hans Teerds 지음, 권영민 옮김, 『36인의 건축적 입장들』, 시공문화사, 2011, 273-283쪽.

111 주택 단지가 수직적으로 어떤 층위가 어떤 개념으로 설정되었는지, 이를테면 주거동 하부에 어떤 벙커와 주차 공간이 있고 그 위에 레벨을 이용한 계단식 대지를 조성하였으며, 다시 그 위에 커뮤니티 시설, 근린 생활 시설, 주거 시설이 어떻게 마련되었는지 개념을 간명하게 그린 것도 다이어그램이다.

112 *The Yokohama Project: Foreign Office Architects*, Actar, 2002, p. 11.

113 Ben van Berkel, "Diagram Matter' in Diagram Work", *Any Magazine 23*, The MIT Press, 1998.

114 ダイアグラム アーキテクチュア 妹島和世の建築について, 透層する建築, 伊東豊雄, 青土社, 2000, pp. 375-381. 이 용어는 이토 도요가 세지마 가즈요의 건축을 높게 평가한 글에서 사용했다.

## 도판 출처

헤드마르크 박물관의 창가 © Pinterest /
https://www.pinterest.co.kr/pin/524387950333006790/

다카마쓰 지로의 〈자갈과 숫자〉 © 李禹煥, 出会いを求めて, 田畑書店, 1974

세키네 노부오의 〈위상 및 공상〉 © 李禹煥, 出会いを求めて, 田畑書店, 1974

벅민스터 풀러의 다이맥시온 하우스 © EPFL LAPIS

아모 © 김광현

루이스 바라간의 옥상정원 © *Barragan: Armando Salas Portugal photographs of the architecture of Luis Barragan*, Rizzoli, 1992

루이스 바라간의 안토니오 갈베스 주택 © *Barragan: Armando Salas Portugal photographs of the architecture of Luis Barragan*, Rizzoli, 1992

르 코르뷔지에의 똑같은 입체로 된 건물 스케치 © Le Corbusier, pl. 64, *Precisions: On the Present State of Architecture and City Planning*, Edith Schreiber Aujame(trans.), The MIT Press, 1991, p. 78

르 코르뷔지에의 네 시대의 건물 스케치 © 内藤廣, 形態デザイン講義, 王国社, 2013

루이스 칸의 필라델피아 교통 스터디 © David B. Brownlee, *Louis I. Kahn: In the Realm of Architecture*, Rizzoli, 2005

기 드보르와 아스가 요른의 〈벌거벗은 도시〉 © University of Brighton Blog Network

위트레흐트의 더블 하우스 다이어그램 © architectura2012.blogspot.com

세드릭 프라이스의 펀 팰리스 © Canadian Centre for Architecture

빈의 카페 슈페를 © Vienna Highlights: Cafés and Boutiques

헤르만 헤르츠베르허의 센트럴 베헤르 © AHH

이 책에 수록된 도판 자료는 독자의 이해를 돕기 위해 지은이가 직접 촬영하거나 수집한 것으로, 일부는 참고 자료나 서적에서 얻은 도판입니다. 모든 도판의 사용에 대해 제작자와 지적 재산권 소유자에게 허락을 얻어야 하나, 연락이 되지 않거나 저작권자가 불명확하여 확인받지 못한 도판도 있습니다. 해당 도판은 지속적으로 저작권자 확인을 위해 노력하여 추후 반영하겠습니다.